高等职业教育精品工程系列教材

U0177513

# 自动化生产线安装与调试
# （岗课赛证一体化教程）

主　编　黄贵川　熊建国

副主编　万　云　邓文亮　许　欣

电子工业出版社

Publishing House of Electronics Industry

北京·BEIJING

## 内 容 简 介

本书以"西门子杯"中国智能制造挑战赛工程实践项目为载体,按照"项目引领、任务驱动"的编写模式,将自动化生产线安装与调试所需的理论知识与实践技能分解到不同项目和任务中,旨在加强对学生综合技术应用能力和实践技能的培养。本书的主要内容包括自动化生产线系统认知、共性技术准备、主件供料单元的安装与调试、次品分拣单元的安装与调试、旋转工作单元的安装与调试、方向调整单元的安装与调试、产品组装单元的安装与调试、产品分拣单元的安装与调试、自动化生产线总体安装与调试、自动化生产线数字化仿真与虚拟调试,共 10 个项目,在各个项目中依次融入了机械、电气控制、液压与气动、传感器、PLC、HMI、工业网络应用、机器视觉、RFID、变频器等专业技术知识,本书中描述的彩色效果见电子课件。本书可作为应用型本科院校、高等职业院校自动化类及相关专业的教材,也可作为中国智能制造挑战赛及工业自动化技术的相关培训教材,还可作为相关工程技术人员的自学与参考用书。

**图书在版编目(CIP)数据**

自动化生产线安装与调试 / 黄贵川,熊建国主编. —北京:电子工业出版社,2024.1

岗课赛证一体化教程

ISBN 978-7-121-46877-3

Ⅰ. ①自… Ⅱ. ①黄… ②熊… Ⅲ. ①自动生产线-安装②自动生产线-调试方法 Ⅳ. ①TP278

中国国家版本馆 CIP 数据核字(2023)第 241622 号

责任编辑:郭乃明          特约编辑:田学清
印    刷:天津画中画印刷有限公司
装    订:天津画中画印刷有限公司
出版发行:电子工业出版社
          北京市海淀区万寿路 173 信箱          邮编:100036
开    本:787×1092    1/16    印张:17.5    字数:426 千字
版    次:2024 年 1 月第 1 版
印    次:2025 年 2 月第 2 次印刷
定    价:59.00 元

凡所购买电子工业出版社图书有缺损问题,请向购买书店调换。若书店售缺,请与本社发行部联系,联系及邮购电话:(010)88254888,88258888。

质量投诉请发邮件至 zlts@phei.com.cn,盗版侵权举报请发邮件至 dbqq@phei.com.cn。

本书咨询联系方式:guonm@phei.com.cn,QQ34825072。

# 前　言

本书以 S7-1200 PLC 控制的典型自动化生产线 DPRO-IFAE-ADV（"西门子杯"中国智能制造挑战赛竞赛设备）为载体，其知识体系涉及机械、电气控制、液压与气动、传感器、PLC、HMI、工业网络应用、机器视觉、RFID、变频器等专业技术知识，并将其通过典型项目融入各个任务中，实现学生的"做中学，学中做"，培养学生机械系统安装与调试、电气系统安装与调试、气动系统安装与调试、PLC 编程与调试、工业网络应用、机器视觉系统安装与调试、变频驱动系统安装与调试、HMI 组态与编程等专业技能。

本书主要内容包括自动化生产线系统认知、共性技术准备、主件供料单元的安装与调试、次品分拣单元的安装与调试、旋转工作单元的安装与调试、方向调整单元的安装与调试、产品组装单元的安装与调试、产品分拣单元的安装与调试、自动化生产线总体安装与调试、自动化生产线数字化仿真与虚拟调试，共 10 个项目，在各个项目中依次融入了机械、电气控制、液压与气动、传感器、PLC、HMI、工业网络应用、机器视觉、RFID、变频器等专业技术知识，以及大国重器、求实精神、工匠精神、劳模精神、团队合作、质量意识和安全生产等思政元素和职业素养元素。考虑到部分学校可能存在的设备缺乏问题，本书还加入了自动化生产线数字化仿真与虚拟调试等内容。

本书结构紧凑、图文并茂、讲述连贯，配套了电子课件、动作视频、微课视频、源程序、关键元器件说明书、相关软件安装包等丰富的信息化资源，具有较强的可读性、实用性和先进性。

本书由重庆城市职业学院黄贵川、熊建国、万云，重庆科创职业学院邓文亮和北京德普罗尔科技有限公司许欣编写，各项目由重庆城市职业学院信息与智能制造学院专职教师和北京德普罗尔科技有限公司技术工程师联合完成。本书在编写过程中得到了中国智能制造挑战赛组委会和专家组、北京德普罗尔科技有限公司技术人员，以及中国智能制造挑战赛部分参赛学生的大力支持，全书由杨代强教授主审，在此一并对相关人员表示衷心感谢。

由于编者水平有限，书中难免存在疏漏之处，敬请广大读者批评指正。

编　者

# 目　　录

# 项目 1  自动化生产线系统认知

## 项目描述

自动化生产线是一种典型的机电一体化装置，其专业性和综合性较强，涉及机械、电气控制、液压与气动、传感器、PLC、HMI、工业网络应用、机器视觉、RFID、变频器等专业技术知识，DPRO-IFAE-ADV 型自动化生产线实训考核设备模拟了一个典型的实际生产线系统。通过对本项目的学习，读者能够初步认识自动化生产线，了解 DPRO-IFAE-ADV 型自动化生产线的基本功能、各组成单元及运行方式。

## 知识技能及素养目标

（1）了解自动化生产线的作用和产生背景。

（2）理解自动化生产线的运行特性和技术特点。

（3）了解自动化生产线的典型实际应用。

（4）认知 DPRO-IFAE-ADV 型自动化生产线的各组成单元及相应功能。

（5）善于利用网络检索专业信息。

（6）培养自主学习的能力。

◆ 知识准备 ◆

### 1．了解自动化生产线

1）自动化生产线的背景

传统制造加工业需要较多的人力资源参与，这导致产品制造费用较高，难以实现大规模量产，成本投入大、产品利润低。随着电子技术的发展、通信和计算机技术的日新月异，自动化生产线技术应运而生。传统生产线上的大规模重复性工作被自动化机器代替，生产效率大幅提高，产品成本显著降低，低效率的流水线向高效率的自动化生产线转变，同时也推动了智能制造的发展，自动化生产线技术成为现代工业的关键技术。

2）自动化生产线的定义

自动化生产线是有机结合了机械技术、微电子技术、电工电子技术、传感测试技术、接口技术及网络通信技术等多种技术在内的一种可以自动进行流水作业的机械电气一体化系统。它在规定程序或指令的控制下，既能使生产线上的数控机床等加工装备自动地完成预定的工序路线与工艺过程，又能使输送机构等附加装置自动地实施产品传送、测量、分拣及包装等辅助控制或操作，还能使加工装备自动地完成工件装卸、定位夹紧与废料排出等任务，最终连续、稳定地生产出符合技术要求的特定产品。

3）自动化生产线的特点

（1）自动化生产线中一般都设定了专门的传送带，产品按单向运输路线输送。

（2）自动化生产线中各个工位按照产品工艺过程的顺序进行排列。每个工位只固定完成一道或少数几道工序，专业化程度较高。

（3）自动化生产线中各个工位的生产能力是平衡成比例的，各道工序的单件加工时间等于节拍或节拍的倍数。

（4）自动化生产线按照制定的节拍进行生产，不存在产品堆积的现象。

（5）自动化生产线按照规定的程序或指令进行自动操作和控制，在生产过程中可以实现"稳、准、快"。

4）自动化生产线的优点

（1）自动化生产线具有高度的自动化程序，无须人工操作。

（2）自动化生产线工作效率高，可以提高企业生产效率。

（3）自动化生产线整个工艺的生产流程稳定，产品一致性较高。

（4）自动化生产线适合大批量生产，可以节约企业生产成本。

（5）自动化生产线技术专业性和综合性较强，涉及机械、电气控制、液压与气动、传感器、PLC、HMI、工业网络应用、机器视觉、RFID、变频器等专业技术知识，对工作人员的综合素质要求较高。

5）自动化生产线的发展方向

自动化生产线的发展方向主要是提高生产率和增强多用性、灵活性。为适应多品种生产的需要，自动化生产线将发展成为能快速调整的可调自动化生产线，能满足生产商适时变化的生产要求。自动化生产线中的数控机床、工业机器人、电子计算机、机器视觉等相关技术的快速发展及成组技术的应用，提升了自动化生产线在生产过程中的灵活性，实现了多品种、中小批量生产的自动化。多品种可调自动化生产线技术的发展减小了自动化生产线生产的经济批量，而且在机械制造业中的应用越来越广泛，更为可观的是已经向高度自动化的柔性制造系统发展。

**2．了解自动化生产线的应用**

自动化生产线是现代工业的生命线，在机械制造、电子信息、石油化工、轻工纺织、食品、制药、汽车制造等现代工业的发展中起到了非常重要的作用。

图 1-1 所示为上海通用金桥工厂生产汽车的自动化生产线。上海通用金桥工厂被称为中国最先进的制造业工厂之一、"中国智造"的典范。即使从全球来看，生产水平如此之高的工厂也不超过 5 家。偌大的车间内只有 10 多个员工，他们管理着 386 台机器人，每天与机器人合作生产 80 台凯迪拉克牌汽车。

图 1-2 所示为"亚洲一号"无人仓。通过投用"亚洲一号"无人仓，某著名电商的日订单处理能力得到了大幅提升。促销活动期间，该著名电商共将 50 个不同层级的无人仓投入使用，这些无人仓分布在北京、上海、武汉、深圳、广州等全国多地，而上海

的"亚洲一号"无人仓已经成为某著名物流企业在华东地区业务发展的中流砥柱。无论是订单处理能力，还是自动化设备的综合匹配能力，"亚洲一号"无人仓都处于行业领先水平。

图 1-1　上海通用金桥工厂生产汽车的自动化生产线

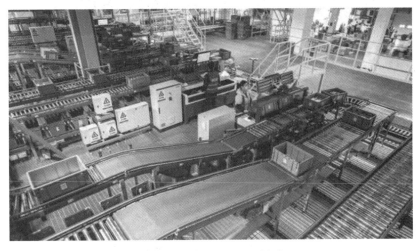

图 1-2　"亚洲一号"无人仓

　　图 1-3 所示为国内首条足球自动化生产线。2018 年世界杯比赛所用的足球不再是人工生产的，而是由该生产线生产的。这条生产线的切割机取代了传统的刀模切割，用自动化打印机取代了传统的丝网印刷，用机械手取代了传统的搬运，每个足球上面还会有二维码，二维码中包含了足球生产的时间和地址等信息。

　　图 1-4 所示为老干妈辣酱生产线，其工作井然有序。有机菜油、好辣椒、严格标准的油温和对炒制时间的控制，保证了老干妈辣酱稳定的口感。

　　图 1-5 所示为我国某品牌的速冻水饺工厂，在这个自动化车间里，没有了传统车间里的包饺子工人，出现的是不停做重复动作的机电一体化设备。在以前，这家工厂的员工多达 200 个，而在配备了自动化生产线后，只需要 20 多个员工就能维持正常的生产。

图 1-3　国内首条足球自动化生产线

图 1-4　老干妈辣酱生产线

图 1-5　我国某品牌的速冻水饺工厂

◆ 任务实施 ◆

## 任务 1.1　熟悉自动化生产线的组成及相应功能

自动化生产线以其自身独特的优势在现代工业生产中得到越来越广泛的应用，由于现代生产企业的类型不同，所需要的自动化生产线的功能和类型也大不相同，但是自动化生产线本身的核心技术和功能实现方式几乎都是相同的。因此，为了方便进行自动化生产线技术的学习与训练，许多公司围绕自动化生产线的技术特点开发了各种不同的自动化生产线教学培训系统。本书以北京德普罗尔科技有限公司生产的典型模块化自动化生产线为载体，对自动化生产线的使用、安装、调试及维护等应用技术进行循序渐进的介绍。

图 1-6 所示为北京德普罗尔科技有限公司生产的典型模块化自动化生产线，该生产线采取模块化结构设计，虽然各个组成单元的结构已经固定，但是每一个工作单元的独立运行功能、各个工作单元之间的运行配合关系，以及整个自动化生产线的运行流程和运行模式，都可以根据实际生产现场状况进行灵活的配置，使之实现模拟实际生产要求的自动化生产运行过程。学习掌握每一个工作单元的基本功能，将为进一步学习整条自动化生产线的联网通信控制和整机配合运作等技术打下良好的基础。

图 1-6　北京德普罗尔科技有限公司生产的典型模块化自动化生产线

该生产线是对真实工业中的自动化生产线的抽象化，其功能主要是完成一个触点开关的组装生产过程，触点开关如图 1-7 所示。触点开关由主件、按钮头和螺钉 3 部分组成；产品主件的尺寸为 32mm×32mm×35mm，有红色和白色两种颜色；主件正面有金属螺钉，主件背面是安装螺钉的圆孔。

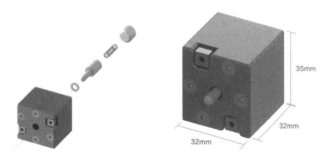

图 1-7　触点开关

该生产线主要由 6 个单元组成，分别为主件供料单元、次品分拣单元、旋转工作单元、方向调整单元、产品组装单元和产品分拣单元。

### 1.1.1 认识自动化生产线的各个工作单元

**1. 主件供料单元**

主件供料单元如图 1-8 所示。主件供料单元主要由同步带输送组件、斜坡滑道组件、升降及抓取组件、PLC、相关电气元器件、气动元器件和操作面板等组成，其主要功能是实现主件的上料，同时将主件自动转运至下一个工作单元。

**2. 次品分拣单元**

次品分拣单元如图 1-9 所示。次品分拣单元主要由高度检测组件、同步带输送组件、推料组件、PLC、相关电气元器件、气动元器件和操作面板等组成，其主要功能是通过高度检测来判断主件是否合格，将不合格的主件剔除，将合格的主件自动转运至下一个工作单元。

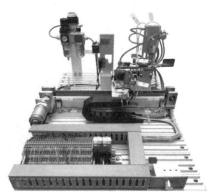

图 1-8　主件供料单元　　　　　　　图 1-9　次品分拣单元

**3. 旋转工作单元**

旋转工作单元如图 1-10 所示。旋转工作单元主要由转盘组件、方向调整组件、推料组件、PLC、相关电气元器件、气动元器件和操作面板等组成，其主要功能是通过方向检测来判断主件放置姿态是否正确，并调整姿态错误的主件的放置方向。

**4. 方向调整单元**

方向调整单元如图 1-11 所示。方向调整单元主要由金属检测组件、方向调整组件、推料组件、PLC、相关电气元器件、气动元器件和操作面板等组成，其主要功能是判断主件放置姿态是否正确，并进一步调整姿态错误的主件的放置方向，确定主件最终的放置姿态，为下一步装配做准备。

**5. 产品组装单元**

产品组装单元如图 1-12 所示。产品组装单元主要由无杆气缸输送组件、推杆装配组件、顶丝装配组件、PLC、相关电气元器件、气动元器件和操作面板等组成，其主要功能是将两种辅料装配到主件上，完成产品的组装工作。

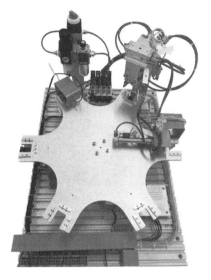

图 1-10　旋转工作单元

图 1-11　方向调整单元

#### 6. 产品分拣单元

产品分拣单元如图 1-13 所示。产品分拣单元主要由滑槽组件、输送组件、PLC、相关电气元器件、气动元器件和操作面板等组成，其主要功能是通过颜色检测区分不同的产品，并将产品放入相应的物流通道中，完成产品生产的最终工序。

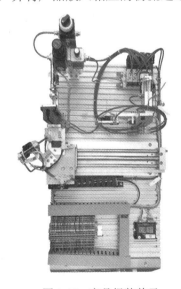

图 1-12　产品组装单元

图 1-13　产品分拣单元

### 1.1.2　熟悉自动化生产线的工艺流程

自动化生产线的工艺流程如图 1-14 所示。①主件供料单元实现主件的上料，并将主件自动转运至次品分拣单元；②次品分拣单元通过高度检测来判断主件是否合格，将不合格的主件剔除，将合格的主件自动转运至旋转工作单元；③旋转工作单元通过方向检测来判断主件放置姿态是否正确，并调整姿态错误的主件的放置方向，然后将主件自动转运至方向调整单元；④方向调整单元判断主件放置姿态是否正确，并进一步调整姿态错误的主件的放置方向，确定主件最终的放置姿态，为下一步装配做准备；⑤产品组装单元将两种辅料装配到主件上，完成产品的组装工作，并将装配件自动转运至产品分拣单元；⑥产品分拣单元通过颜色检测区分不同的产品，并将产品放入相应的物流通道中，完成产品生产的最终工序。

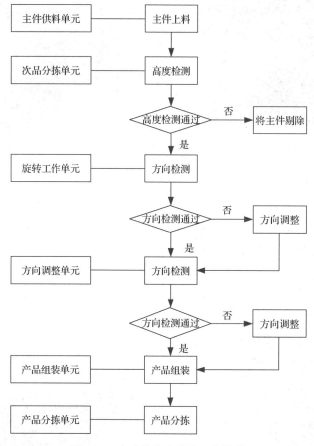

图 1-14　自动化生产线的工艺流程

## 任务 1.2　了解自动化生产线的结构特点

自动化生产线的结构特点主要有如下两个方面。

（1）机械装置部分和电气控制部分相对分离。

从整体上看，自动化生产线的机械装置部分和电气控制部分是相对分离的，每一个工作单元的机械装置都安装在底板上，而电气控制部分涉及的 PLC、按钮、指示灯等元器件安装在工作台前端和下端的专用面板上。

自动化生产线的机械装置部分和电气控制部分虽然相对分离，但是缺一不可并相互关联，这主要体现在信息和能流的交互上。

（2）每一个工作单元都可以成为一个独立的系统。

自动化生产线采取模块化结构设计，每一个工作单元都可以成为一个独立的系统，由单独的 PLC 进行控制，并实现相应的功能。各个工作单元通过网络通信进行协调工作。

## 项目测评

自动化生产线涉及哪些技术？有什么优点？

## 思考练习及知识拓展

本项目涉及了流程图，流程图是对过程、算法、流程的一种图像表示，在技术设计、交流及商业简报等领域有广泛的应用。通常用一些图框来表示各种类型的操作，在框内写出各个步骤，然后用带箭头的线将它们连接起来，以表示执行的先后顺序。用图形来表示工作流程和步骤，直观形象、易于理解。

请检索相关资料，自学流程图的画法，并结合相关软件画出一个流程图来表示一个自动化生产线的运行过程。

## 思政元素及职业素养元素

2021 年 3 月 11 日，中华人民共和国第十三届全国人民代表大会第四次会议表决通过关于国民经济和社会发展第十四个五年规划和 2035 年远景目标纲要的决议，明确提出要推动制造业优化升级，深入实施智能制造和绿色制造工程，发展服务型制造新模式，推动制造业高端化智能化绿色化。培育先进制造业集群，推动集成电路、航空航天、船舶与海洋工程装备、机器人、先进轨道交通装备、先进电力装备、工程机械、高端数控机床、医药及医疗设备等产业创新发展。改造提升传统产业，推动石化、钢铁、有色、建材等原材料产业布局优化和结构调整，扩大轻工、纺织等优质产品供给，加快化工、造纸等重点行业企业改造升级，完善绿色制造体系。深入实施增强制造业核心竞争力和技术改造专项，鼓励企业应用先进适用技术、加强设备更新和新产品规模化应用。建设智能制造示范工厂，完善智能制造标准体系。深入实施质量提升行动，推动制造业产品"增品种、提品质、创品牌"。

# 项目 2　共性技术准备

**项目描述**

　　自动化生产线主要由主件供料单元、次品分拣单元、旋转工作单元、方向调整单元、产品组装单元和产品分拣单元组成，每个工作单元基本都涉及了机械传动、PLC、气动、传感器等技术，因此本项目主要学习各个工作单元涉及的共性技术，为后续的自动化生产线安装与调试做好技术储备。熟悉本项目相关内容的读者也可以直接跳过，在后续遇到相关技术问题时再返回该项目。

**知识技能及素养目标**

　　（1）熟悉常见的机械传动机构及其应用。
　　（2）掌握西门子 S7-1200 PLC 的编程方法。
　　（3）能读懂气动原理图、识别常见的气动元器件并掌握其基本功能。
　　（4）熟悉常见的传感器及其应用。

◆ **知识准备** ◆

　　本项目主要介绍自动化生产线涉及的共性技术，主要包括机械传动、PLC、气动、传感器等技术，由于篇幅有限，本项目只进行简单的介绍。对于不同的读者，其知识储备也不同，在后续项目的开展过程中遇到问题时，建议及时返回该项目的相关内容，同时也要善于进行相关知识的检索。

◆ **任务实施** ◆

## 任务 2.1　机械传动技术及其应用

　　机械传动广泛应用于各个行业，主要是指利用机械方式实现运动和动力的传递，常见的机械传动方式有带传动、链传动和齿轮传动等。

### 2.1.1　熟悉带传动

#### 1. 带传动认知

　　带传动是一种常用的机械传动，在自动化生产线中的应用非常广泛。带传动在自动化生产线中的应用如图 2-1 所示。

图 2-1 带传动在自动化生产线中的应用

带传动按照传动原理的不同可以分为摩擦型带传动和啮合型带传动，如图 2-2 所示。摩擦型带传动依靠传送带与带轮间的摩擦力实现传动，如 V 带传动、平带传动等；啮合型带传动依靠传送带内侧凸齿与带轮外缘上的齿槽相啮合实现传动，如同步带传动。相比于摩擦型带传动而言，啮合型带传动具有传递功率大、传动比稳定、传动效率高、传送带的柔性好、初拉力小的优点，多用于要求传动平稳、传动精度较高的中/小功率传动场合。

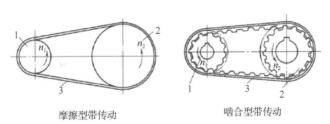

摩擦型带传动  啮合型带传动

1—带轮（主动轮）；2—带轮（从动轮）；3—传送带。

图 2-2 带传动结构图

### 2．带传动的优缺点

带传动的优点：适用于中心距较大的传动；传送带具有良好的挠性，可缓和冲击、吸收振动；过载时传送带会在带轮上打滑，可以防止其他部件受损坏，所以具有过载保护作用；结构简单，成本低。

带传动的缺点：由于传送带会出现打滑现象，因此不能保持精确的传动比；外轮廓尺寸大，结构不紧凑；需要张紧装置；传送带的寿命短、传动效率低；不适用于高温、易燃及有腐蚀介质的场合。

### 3．带传动机构的安装

带传动机构的安装主要包括带轮安装和传送带安装两大步骤。

1）带轮的安装

在安装带轮前，应做好以下准备工作。

（1）检查带轮型号是否正确。

（2）检查带轮槽，确保没有伤痕或利边。

（3）确定带轮静平衡实验合格。

带轮安装步骤如下。

（1）清洁所有部件表面，如带轮毂孔、键形轴套、螺钉孔等。

（2）在螺杆及螺纹上涂油后旋入，但暂不旋紧。

（3）清洁传动轴表面，将已装上轴套的带轮推到轴上的预定位置，不要太用力敲击，以免损伤轴承。

（4）参照力矩表，将螺杆均匀地旋入。

（5）在锥套拧紧后，用水平尺检查带轮轮面各点是否位于预计的平面。

（6）在短暂运行（0.5～1h）后，检查螺杆的拧紧力矩并做修正。

（7）为了阻止异物侵入，用油脂将闲置的孔封住。

**注意**：安装带轮时，两带轮轴线应相互平行，其型槽对称平面应重合，不得出现偏置、向内弯和有夹角的情况。

2）传送带的安装

安装传送带时，应在无迫力的情况下安装，通常通过调整各轮中心距的方法来安装，安装过程中应同时使用厂家提供的张紧力检测仪对张紧力进行测量，并保证张紧力符合规定要求。

当中心距不能调节时，可采用张紧轮张紧。张紧轮张紧方式如图 2-3 所示。一般将张紧轮放在松边的内侧，使传送带只受单向弯曲，同时张紧轮还应尽量靠近大轮，以免过分影响传送带在小轮上的包角。张紧轮的轮槽尺寸与带轮的相同，且直径小于小轮的直径。

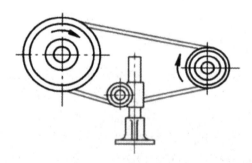

图 2-3　张紧轮张紧方式

切忌硬将传送带从带轮上拨下或扳上，严禁用撬棍等工具将传送带强行撬入或撬出，以免造成不必要的损坏。同组使用的传送带应型号相同、长度相等，以免各传送带受力不均。不同厂家生产的传送带、新旧传送带不能混用。

**4．带传动的使用及维护**

在带传动机构的使用及维护过程中应注意以下事项。

（1）使用新传送带前，应预先拉紧一段时间后再使用。

（2）带传动装置外面要采用安全防护罩，以保障操作人员的安全，同时防止油、酸性物质、碱性物质等对传送带的腐蚀。

（3）禁止在带轮上加润滑剂，应及时清除带轮槽及传送带上的油污。

（4）定期对传送带进行检查，检查有无松弛和断裂现象，若有一根松弛和断裂的传送带，则应全部更换新传送带。

（5）带传动装置工作温度不应过高，一般不超过 60℃。

（6）若带传动装置久置后再使用，则应将传送带放松。

（7）应经常对带传动装置进行检查，如在安装 3~6 个月后进行检查，检查内容主要是带轮及传送带的磨损程度和运行状态。

### 2.1.2　熟悉链传动

#### 1．链传动认知

链传动是用于两个或两个以上链轮之间以链条作为中间挠性件的一种非共轭啮合传动，它依靠链条与链轮轮齿之间的啮合来实现平行轴之间运动和动力的传递，在自动化生产线中的应用十分广泛。链传动在自动化生产线中的应用如图 2-4 所示。

图 2-4　链传动在自动化生产线中的应用

#### 2．链传动的优缺点

链传动的优点：链传动没有弹性滑动和打滑现象，能保持准确的传动比；需要的张紧力小，作用在轴上的压力小，可减少轴承的摩擦损失；结构紧凑；制造和安装精度较低，中心距较大时其传动结构简单；能在高温、有油污等恶劣环境下工作。

链传动的缺点：瞬时转速和瞬时传动比不是常数，传动的平稳性较差，有一定的冲击和噪声。

#### 3．链传动机构的安装

链传动机构的安装相对简单，但是仍然应注意以下事项。

（1）安装链轮时，各个链轮必须精确找正，两个链轮的回转平面应在同一个竖直面内，端面与径向跳动量不能过大，防止脱链或链条磨损加剧的情况发生。

（2）链条装好后的下垂度应小于或等于中心距的 0.2%左右，过紧会增加负载，加剧磨损；过松容易产生振动或脱链。

**4．链传动的使用及维护**

（1）在链传动机构的使用及维护过程中要保证充分的润滑，以减少磨损摩擦，缓和冲击，延长链条的使用寿命。

（2）因拉伸和销轴磨损，链条长度增加 3%左右时，要更新链条。

（3）应注意防松，需要经常进行张紧度调节。

### 2.1.3 熟悉滚珠丝杠

**1．滚珠丝杠认知**

在自动化生产线中，经常能够见到如图 2-5 所示的双轴工作台。在双轴工作台内部

一般都使用了丝杠螺母机构（又称螺旋传动机构），丝杠螺母机构主要用来将旋转运动变换为直线运动或将直线运动变换为旋转运动。按照摩擦性质分类，丝杠螺母机构分为滑动丝杠螺母机构和滚动（滚珠）丝杠螺母机构。滚动丝杠螺母机构由于摩擦阻力小、传动效率高，因此在机电一体化系统中的应用更为广泛。

滚动丝杠螺母机构主要由滚珠、丝杠、螺母、滚道、压板、回程引导装置、防尘片等零件组成，滚动丝杠螺母机构内部结构图如图 2-6 所示。当丝杠回转时，滚珠

图 2-5 双轴工作台

相对螺母上的滚道滚动，因此丝杠与螺母之间基本上为滚动摩擦，其传动效率较高。为防止滚珠从螺母中滚出来，在螺母的螺旋槽两端设有回程引导装置，使滚珠能循环流动。按滚珠返回的方式不同区分，滚珠丝杠可以分为内循环式滚珠丝杠和外循环式滚珠丝杠两种。工业上几种典型的滚动丝杠螺母机构如图 2-7 所示。

图 2-6 滚动丝杠螺母机构内部结构图

图 2-7 工业上几种典型的滚动丝杠螺母机构

**2．滚珠丝杠的优缺点**

滚珠丝杠的优点：传动效率高，摩擦损失小；传动精度、定位精度高，无爬行现象，

运动平稳；能够给予适当预紧，消除丝杠和螺母的螺纹间隙，反向传动时可消除空行程死区，提高接触刚度和传动精度；所需传动转矩小；运动具有可逆性，可以从旋转运动转换为直线运动，也可以从直线运动转换为旋转运动，即丝杠和螺母都可以作为主动件；磨损小，使用寿命长。

滚珠丝杠的缺点：加工精度高，制造工艺复杂，成本高；不能自锁，特别是对于垂直丝杠，需要添加制动装置。

### 3．滚珠丝杠副轴向间隙的调整

（1）为什么需要调整滚珠丝杠副轴向间隙？

除了对滚珠丝杠副本身单一方向的传动精度有要求，对其轴向间隙也有严格要求，主要目的是保证其反向传动精度。

（2）如何调整滚珠丝杠副轴向间隙？

通常采用双螺母预紧的方法，将弹性变形控制在最小限度内，以减小或消除轴向间隙，并提高滚珠丝杠副的刚度。

### 4．滚珠丝杠的安装

常见的滚珠丝杠安装方式有如下 3 种。

（1）两端固定。

滚珠丝杠采用两端固定的方式时，两个固定端的轴承能够同时承受轴向力，这种支撑方式能够在一定程度上对丝杠施加合适的预紧力，增强丝杠支撑的刚度，对丝杠的热变形有部分补偿。

（2）一端固定、另一端自由。

滚珠丝杠采用一端固定、另一端自由的安装方式时，固定端的轴承需要同时承受轴向力和径向力，这种支撑方式适用于行程短的短丝杠或者全闭环的机床。因为这种结构的机械定位精度不太可靠，尤其是对于长径比较大的丝杠，所以其热变形是比较明显的。但由于这种结构简单，对于安装和调试来讲较为方便，所以仍然有许多机床使用这种结构，需要注意的是需要加装光栅，采用全闭环反馈方式。

（3）一端固定、另一端支撑。

滚珠丝杠采用一端固定、另一端支撑的方式时，固定端的轴承需要同时承受轴向力和径向力；支撑端只承受径向力，且能够进行微量的轴向浮动，能够在一定程度上减少或者避免因丝杠自重出现的弯曲，同时丝杠的热变形能够自由地向一端伸长，这种安装方式在中小型数控机床、立式加工中心等设备上得到了广泛应用。

对于大型机床、重型机床及高精度镗铣床，通常也会采用一端固定、另一端支撑的方式。但是，这种丝杠的调整会相对频繁，若两端的预紧力过大，会导致丝杠最终的行程大于设计行程。若丝杠两端螺母的预紧力不足，可能会引起机床振动，降低精度。因此，在装卸这种丝杠时，务必按照原厂商的说明书进行调整，或者借助仪器设备进行调整，切勿擅自处理。

### 5．滚珠丝杠的使用及维护

在滚珠丝杠的使用及维护过程中，应注意以下几方面的问题。

（1）润滑。

可用润滑剂来提高耐磨性和传动效率，润滑剂可分为润滑油和润滑脂两大类。

润滑油：一般为机油或 90～180 号透平油、140 号或 N15 主轴油，通过壳体上的油孔注入螺母的内部。

润滑脂：一般采用锂基润滑脂，通常加在螺纹滚道和安装螺母的壳体空间内。

（2）防尘。

滚珠丝杠与滚动轴承一样，如果污物进入，会发生磨损和破坏。因此，必须采用防尘装置将丝杠完全防护起来。

（3）做好保护。

轻拿轻放，禁止敲击丝杠、滚珠、螺母，防止碰撞或打击，严禁敲击和拆卸回流管，以免造成堵塞，使运动不流畅。

（4）避免径向力作用于丝杠。

如果有径向力作用于丝杠，那么将会大大缩短滚珠丝杠的寿命，引起运行不良。

（5）禁止超越行程使用。

如果超越行程使用，那么滚珠丝杠副受到撞击可能会出现滚珠脱落、循环零部件受损、沟槽轨道产生压痕等故障，从而造成运转不良、精度下降、寿命缩短甚至损坏。

（6）不要将滚珠螺母与丝杠分开。

一般在滚珠丝杠副出厂前已按用户要求将其调整至所需预压力，随意拆开螺母组件将会导致滚珠散落，预压力消失。一旦滚珠散落，如果再强行装上，就会损坏反向器。重新组装容易因组装错误而使滚珠丝杠丧失功能，也容易进入灰尘，使精度下降或导致故障。

（7）温度。

滚珠丝杠的正常工作环境温度范围为-60～+60℃。

### 2.1.4　熟悉直线导轨

#### 1．直线导轨认知

直线导轨通常也称直线滚动导轨、线性滑轨等，它主要由导轨（或轨道）与滑块两大部分组成，直线导轨内部结构图如图 2-8 所示。由于其运动精度高的特点，直线导轨在自动化生产线中得到了广泛应用。直线导轨在自动化生产线中的应用如图 2-9 所示。

几种典型的直线导轨如图 2-10 所示。

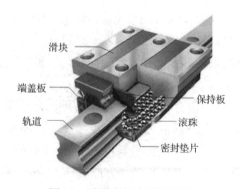

图 2-8　直线导轨内部结构图

图 2-9　直线导轨在自动化生产线中的应用

### 2．直线导轨的优缺点

直线导轨的优点：运动阻力非常小，运动精度高；定位精度高；多个方向同时具有高刚度，容许负荷大；能长期维持高精度、高速运动；维护保养简单，能耗低，价格低廉。

直线导轨的缺点：阻尼小而容易引起超调或振荡；刚度低；制造困难；对脏污和轨面误差较敏感。

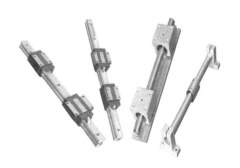

图 2-10　几种典型的直线导轨

### 3．直线导轨的安装

直线导轨的安装步骤如表 2-1 所示。

表 2-1　直线导轨的安装步骤

| 序号 | 大致步骤 | 详细步骤 | 示意图 | 注意事项 |
|---|---|---|---|---|
| 1 | 安装准备 | （1）安装部位的倒角必须符合图纸要求，若发现倒角过大或凸出，应及时使用油石进行处理，否则可能会由于安装不当造成与滑块的干涉。<br>（2）必须用油石去除直线导轨的安装基准面与导轨侧安装基准面上的毛刺和伤痕，并用棉质干净抹布将安装表面擦拭干净。<br>（3）检查安装用螺纹孔是否符合图纸要求，用磁力吸棒清理干净螺纹孔内的铁屑，用清洗剂清洗干净螺纹孔内的防锈油等。<br>（4）检查紧固滑轨用的螺钉等级是否符合要求，区分清楚直线导轨的定位面和标记面，定位面是没有刻字的一面，标记面与定位面是相反的面 | 油石 | 直线导轨在正式安装前均涂有防锈油，请用清洗剂将基准面洗净后再安装，通常将防锈油清除后，基准面较容易生锈，所以建议涂抹上黏度较低的主轴用润滑油 |

| 序号 | 大致步骤 | 详细步骤 | 示意图 | 注意事项 |
|---|---|---|---|---|
| 2 | 放置主轨 | 将主轨轻轻安置在床台上，使用侧向固定螺钉或其他固定工具使直线导轨与侧向安装面轻轻贴合 | 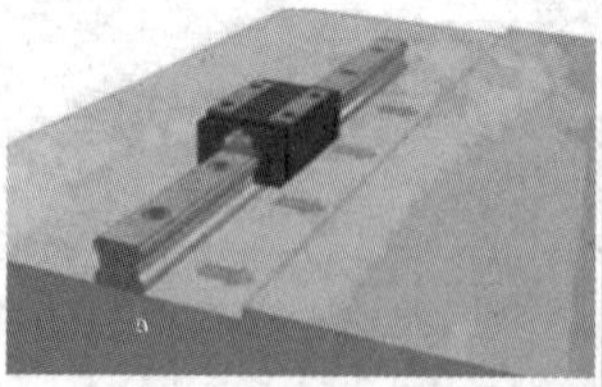 | 安装时不允许将滑块从导轨上拆下来。在安装过程中，应佩戴手套 |
| 3 | 主轨贴合 | 由远端向近端按顺序将滑轨的定位螺钉稍微旋紧，使轨道与垂直安装面稍微贴合。稍微旋紧垂直基准面后，加强侧向基准面的锁紧力，使主轨可以完全贴合侧向基准面 |  | 直线导轨上要求装配的螺钉，不允许少装、漏装 |
| 4 | 拧紧螺钉 | 使用扭力扳手将滑轨的定位螺钉慢慢旋紧 | 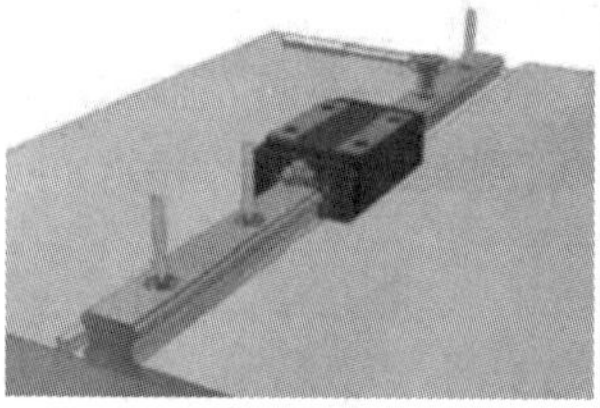 | 对于不同的材料和螺钉等级，注意对拧紧力矩的控制 |
| 5 | 安装副轨 | 使用相同的安装方式安装副轨 |  | 注意，在滑座上安装线性滑轨后，由于安装空间有限，后续许多附属件无法安装，必须于此阶段将所需附件一并安装 |
| 6 | 安置移动平台 | 将移动平台轻轻安置到主轨与副轨的滑座上 |  | |
| 7 | 拧紧螺钉 | 先锁紧移动平台上的侧向固定螺钉，然后按照图示顺序拧紧螺钉 | 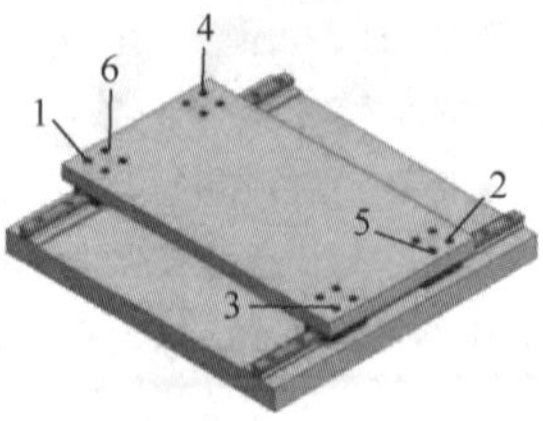 | |

| 序号 | 大致步骤 | 详细步骤 | 示意图 | 注意事项 |
|---|---|---|---|---|
| 8 | 检查及试运行 | （1）直线导轨安装完毕后，检查其全行程内的运行是否灵活，有无阻碍现象，摩擦阻力在全行程内不应有明显的变化，若此时发现异常，则应及时找到故障并解决，以防后患。<br>（2）检查合格后，安装塑料堵头。将塑料堵头放在导轨孔上，注意堵头柱端面与导轨面平行，在塑料堵头上面垫放尼龙或者塑料板后，用装配锤轻敲。检查全套堵头，清理产生的碎屑，用装配锤击打，直到堵头与导轨平面齐平。用棉质干净抹布清洁安装表面，并用手指感觉安装效果 | | |

#### 4．直线导轨的使用及维护

在直线导轨的使用及维护过程中应注意以下事项。

（1）注意添加润滑油或润滑脂，润滑方法及间隔时间应符合直线导轨说明书的规定。

（2）防止异物进入。

（3）注意环境温度不要超过使用限制。

### 2.1.5　熟悉齿轮传动

#### 1．齿轮传动认知

齿轮传动是机械传动中应用非常广泛的一种传动形式，其利用齿轮副传递运动和动力。常见的齿轮传动机构有圆柱齿轮传动机构、圆锥齿轮传动机构和蜗轮蜗杆传动机构，如图 2-11 所示。

图 2-11　常见的齿轮传动机构

齿轮传动在自动化生产线中的常见应用是减速装置，如图 2-12 所示，在降低输出转速的同时会增加输出转矩，从而驱动负载运动。

图 2-12　齿轮传动在自动化生产线中的常见应用

### 2．齿轮传动的优缺点

齿轮传动的优点：传动效率高，如一级圆柱齿轮传动的效率可达 99%；结构紧凑；工作可靠，寿命长；传动比稳定；功率和速度适用范围广；可实现平行、相交、交错轴间传动；蜗轮蜗杆传动的传动比大，具有自锁能力。

齿轮传动的缺点：制造及安装精度要求高，价格较贵，不宜用于传动距离大的场合；蜗轮蜗杆传动效率低，磨损较大。

### 3．齿轮减速机构的安装

在自动化生产线中，齿轮传动机构主要应用于减速机构（尤其是行星减速机）中。这里以行星减速机的安装为例说明其安装注意事项。

（1）安装前应确认电机和减速机是否完好无损，并且严格检查电机与减速机连接尺寸是否匹配。

（2）安装前还应将电机输入轴、定位装置及减速机连接部位的防锈油用汽油或锌钠水擦拭净，从而保证连接的紧密性及运转的灵活性，防止不必要的磨损。

（3）减速机与电机、工作机器之间的连接应采用弹性联轴器、齿式联轴器或其他非刚性联轴器。一般推荐采用尼龙柱销联轴器，它具有结构紧凑、制造容易、安全可靠和维修方便的特点。

（4）将电机与减速机连接时必须保证减速机输出轴与电机输入轴的同心度一致，且二者外侧法兰平行。若同心度不一致，则可能导致电机轴折断或减速机齿轮磨损。

（5）在安装过程中，严禁用铁锤等进行击打，防止因轴向力或径向力过大而导致轴承或齿轮损坏。

（6）安装减速机后，应用手进行转动，转动必须灵活，不得有卡滞现象。

### 4．齿轮减速机构的使用及维护

在齿轮减速机构的使用及维护过程中，应注意以下几点。

（1）定期检查安装基础、密封件、传动轴等是否正常。

（2）注意温度的变化，润滑油的最高温度应低于 85℃。油温温升变化异常容易导致产生不正常噪声等现象，出现这种情况时必须立即停机检查，排除故障后，方可继续使用。

（3）更换新的备件时，必须经跑合和负载试验后再正式使用。

（4）不得重力锤击减速机外壳，以免造成损坏。

# 任务 2.2 西门子 S7−1200 PLC 编程及其应用

可编程逻辑控制器（Programmable Logic Controller，PLC）是一种数字运算操作的电子系统，是专为在工业环境下应用而设计的。它采用可编程序的存储器，用来在其内部执行逻辑运算、顺序控制、定时、计数和算术运算等操作指令，并通过数字式、模拟式的输入或输出，控制各类型的机械或生产过程。PLC 由于其控制功能完善、可靠性高、通用性强、编程直观、简单、体积小、维护方便、系统设计和实施工作量小等优点，在自动化生产线中得到了广泛的应用。

PLC 的型号较多，这里主要介绍 S7-1200 PLC。

## 2.2.1 S7-1200 PLC 介绍

S7-1200 PLC 实物图如图 2-13 所示。S7-1200 PLC 是一款紧凑型、模块化的 PLC，是可完成简单逻辑控制、高级逻辑控制、HMI 交互和网络通信等任务的控制器。S7-1200 PLC 有 5 种不同的 CPU 模块，分别为 CPU 1211C、CPU 1212C、CPU 1214C、CPU 1215C 和 CPU 1217C，各款 CPU 又根据电源信号、输入信号和输出信号的类型分为 3 种版本，分别为 DC/DC/ DC、DC/DC/RLY 和 AC/DC/RLY，其中的 DC 表示直流，AC 表示交流，RLY（Relay）表示继电器。每一种模块都可以进行扩展，以满足不同系统的需要。可在任何 CPU 的前方加入一个信号板，轻松扩展数字量或模拟量 I/O 容量，同时不影响控制器的实际大小。可将信号模块连接至 CPU 的右侧，进一步扩展数字量或模拟量 I/O 容量。CPU 1212C 可连接 2 个信号模块，CPU 1214C、CPU 1215C 和 CPU 1217C 可连接 8 个信号模块。所有的 S7-1200 PLC 的 CPU 的左侧均可连接多达 3 个通信模块，便于实现端到端的串行通信。

图 2-13 S7-1200 PLC 实物图

### 2.2.2 通过一个典型任务学习 S7-1200 PLC 编程及其应用

#### 1. 任务需求

使用 S7-1200 PLC 实现车床主轴及润滑电机的控制。为了保护设备，润滑电机启动一定时间后主轴电机才能启动，主轴电机停止一定时间后润滑电机才能停止，即两台电机应顺序启动和逆序停止，时间间隔均为 10s，而且两台电机需要有运行指示。

#### 2. I/O 地址分配

根据控制要求，进行 PLC 的 I/O 地址分配，如表 2-2 所示（其中的"过载"即过载保护，KM1 和 KM2 为主轴和润滑电机接触器，下同）。

表 2-2 I/O 地址分配

| 输　　入 | | | 输　　出 | | |
|---|---|---|---|---|---|
| 序　号 | PLC 输入 | 元 器 件 | 序　号 | PLC 输出 | 元 器 件 |
| 1 | I0.0 | 主轴电机启动按钮 SB1 | 1 | Q0.0 | 主轴电机 KM1 |
| 2 | I0.1 | 主轴电机停止按钮 SB2 | 2 | Q0.1 | 润滑电机 KM2 |
| 3 | I0.2 | 润滑电机启动按钮 SB3 | 3 | Q0.5 | 主轴电机运行指示 HL1 |
| 4 | I0.3 | 润滑电机停止按钮 SB4 | 4 | Q0.6 | 润滑电机运行指示 HL2 |
| 5 | I0.4 | 主轴电机过载 FR1 | | | |
| 6 | I0.5 | 润滑电机过载 FR2 | | | |

#### 3. 绘制 PLC 控制原理图

根据控制要求及 I/O 分配表，绘制 PLC 控制原理图，如图 2-14 所示，主轴及润滑电机的 PLC 控制硬件原理图在此省略（两台电机的主电路均为直接启动）。指示灯的额定电压为直流 24V，交流接触器线圈的额定电压为交流 220V。CPU 1214C 的输出点共有 10 个，这 10 个输出点分为两组，每组 5 个输出点。公共端为 1L 的输出点为 Q0.0～Q0.4，公共端为 2L 的输出点为 Q0.5、Q0.6、Q0.7、Q1.0 和 Q1.1。

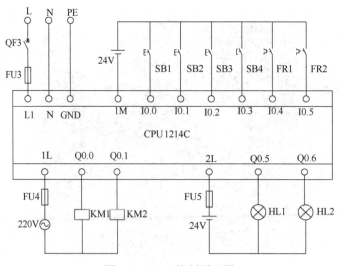

图 2-14 PLC 控制原理图

### 4．硬件接线

根据 PLC 控制原理图进行硬件接线，主要包括主电路连接和控制电路连接两个部分。

**注意**：S7-1200 PLC 的电源端在左上方，以太网接口在左下方，输入端在上方，输出端在下方。硬件接线务必按照 PLC 控制原理图进行连接。

### 5．S7-1200 PLC 编程及调试

（1）创建项目。

双击桌面上的 TIA 博途软件图标，打开 TIA 博途软件，在 TIA 博途视图中选择"创建新项目"选项，输入项目名称，选择项目保存路径，单击"创建"按钮，完成项目创建。

（2）硬件组态。

选择"设备组态"选项，单击"添加新设备"按钮，选择 CPU 1214C AC/DC/RLY V4.1 版本（必须保证 CPU 型号及版本号与硬件一致），双击选中的 CPU 型号或单击左下角的"添加"按钮，成功添加新设备，并弹出编程窗口。

（3）编辑变量表。

在软件较为复杂的控制系统中使用的 I/O 点较多，使用符号地址可以提高程序的可读性，也更方便调试程序。可以在 S7-1200 PLC 中用变量表来定义地址或常数的符号。

打开项目树的"PLC 变量"文件夹，双击其中的"添加新变量表"图标，在"PLC 变量"文件夹下生成一个新变量表，根据需要创建 PLC 变量，如图 2-15 所示。

| | | 名称 | 数据类型 | 地址 | 保持 | 从 H... | 从 H... | 在 H... |
|---|---|---|---|---|---|---|---|---|
| 1 | | 主轴电机启动按钮SB1 | Bool | %I0.0 | | ☑ | ☑ | ☑ |
| 2 | | 主轴电机停止按钮SB2 | Bool | %I0.1 | | ☑ | ☑ | ☑ |
| 3 | | 润滑电机启动按钮SB3 | Bool | %I0.2 | | ☑ | ☑ | ☑ |
| 4 | | 润滑电机停止按钮SB4 | Bool | %I0.3 | | ☑ | ☑ | ☑ |
| 5 | | 主轴电机过载FR1 | Bool | %I0.4 | | ☑ | ☑ | ☑ |
| 6 | | 润滑电机过载FR2 | Bool | %I0.5 | | ☑ | ☑ | ☑ |
| 7 | | 主轴电机KM1 | Bool | %Q0.0 | | ☑ | ☑ | ☑ |
| 8 | | 润滑电机KM2 | Bool | %Q0.1 | | ☑ | ☑ | ☑ |
| 9 | | 主轴电机运行指示HL1 | Bool | %Q0.5 | | ☑ | ☑ | ☑ |
| 10 | | 润滑电机运行指示HL2 | Bool | %Q0.6 | | ☑ | ☑ | ☑ |

图 2-15  PLC 变量

（4）编写程序。

单击项目树下的"程序块"按钮，打开"程序块"文件夹，双击主程序块 Main[OB1]，在项目树的右侧，即编程窗口中显示程序编辑器窗口，结合 S7-1200 PLC 指令进行编程，如图 2-16 所示。

（5）更改 IP 地址。

CPU 是利用以太网与运行 TIA 博途软件的计算机进行通信的。计算机直接连接单台 CPU 时，可以使用标准的以太网电缆，也可以使用交叉以太网电缆。一对一的通信不需要交换机，两台以上的设备通信则需要交换机。下载程序之前需要先对 CPU 和计算机进行正确的通信设置，方可保证成功下载，PLC 的 IP 地址修改如图 2-17 所示，计算机 IP

地址的修改方法取决于不同的操作系统，请读者自行检索。

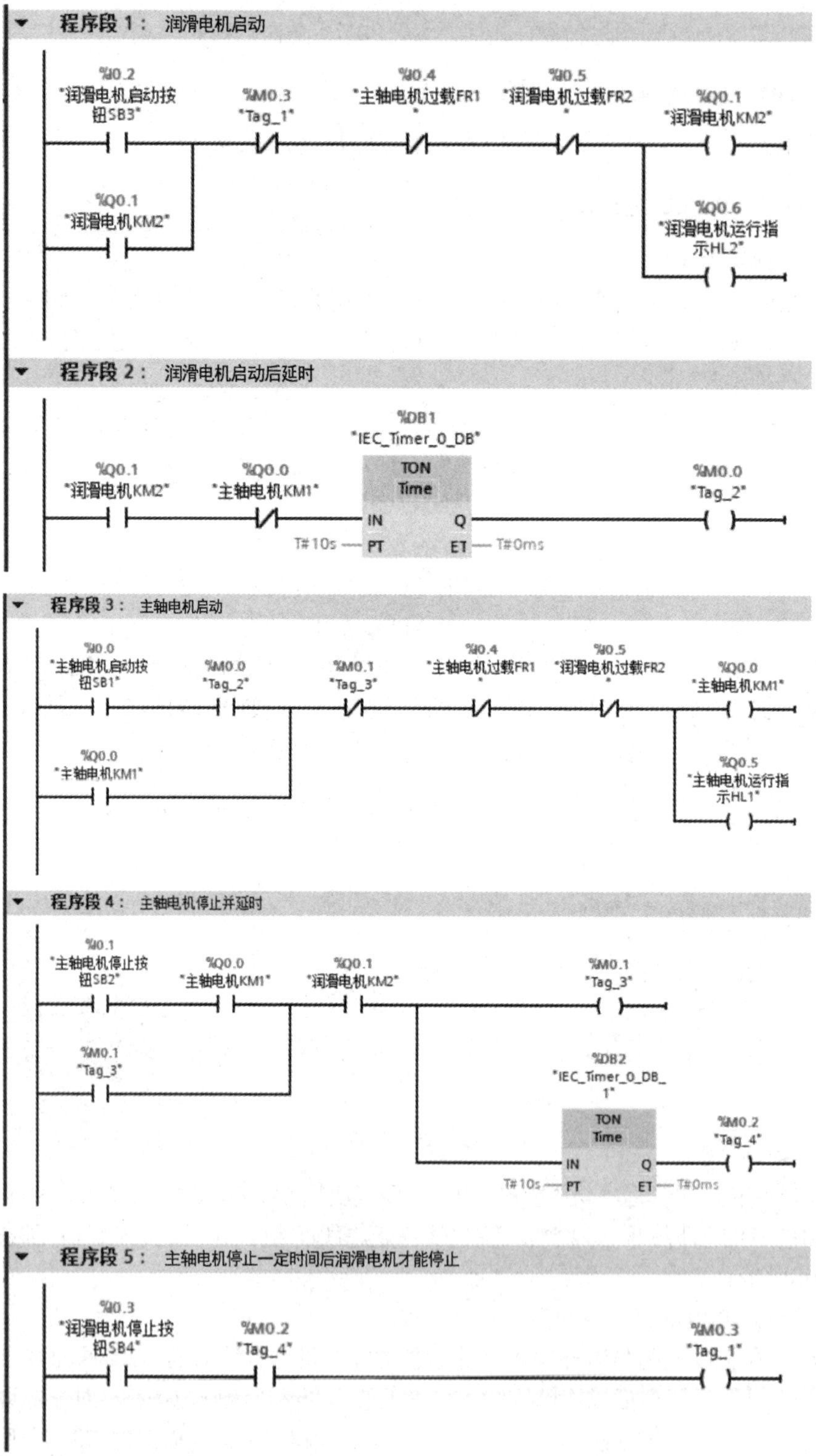


图 2-16 PLC 程序

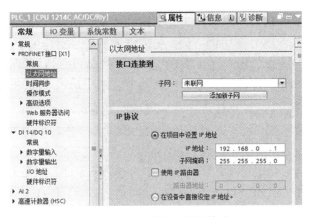

图 2-17　PLC 的 IP 地址修改

**注意**：必须保证 CPU 和计算机地址不同并处于同一个网段（IP 地址的前三个数相同，最后一个数不同）。

（6）项目下载。

选中项目树中的设备名称，单击工具栏上的"下载"按钮，打开"扩展的下载到设备"对话框。将"PG/PC 接口的类型"选择为"PN/IE"。如果计算机上有不止一块以太网卡，那么用"PG/PC 接口"下拉列表选择实际使用的网卡。

勾选"显示所有兼容的设备"复选框，单击"开始搜索"按钮，经过一段时间后，在下方的"目标子网中的兼容设备"列表中，出现网络上的 CPU 1214C AC/DC/RLY 和它的以太网地址，计算机与 PLC 之间的连线由断开变为接通。CPU 所在方框的背景色变为实心的橙色，表示 CPU 进入在线状态，此时"下载"按钮变为亮色，即有效状态，如图 2-18 所示。

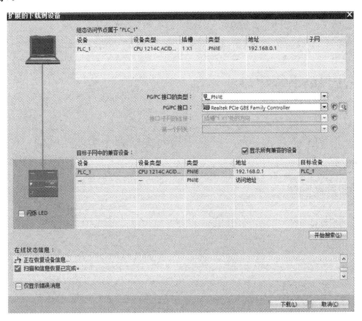

图 2-18　项目下载

如果网络上有多个 CPU，为了确认设备列表中的 CPU 对应的硬件，选中列表中的某个 CPU，勾选左边的 CPU 下方的"闪烁 LED"复选框，对应的硬件 CPU 上的 3 个状态指示灯闪烁，取消勾选"闪烁 LED"复选框，3 个运行状态指示灯停止闪烁。

选中列表中的 S7-1200 PLC，单击右下角的"下载"按钮，编程软件首先对项目进行编译，并进行装载前检查，如果检查出现问题，此时单击"无动作"后的倒三角按钮，选择"全部停止"选项，此时"下载"按钮会再次变为亮色，单击"下载"按钮，开始装载组态，完成组态后，单击"完成"按钮，即下载完成。

单击工具栏上的"启动 CPU"图标，PLC 将切换到 RUN 模式，RUN/STOP 状态指示灯变为绿色。打开以太网接口上方的盖板，通信正常时，Link 状态指示灯亮，Rx/Tx 状态指示灯周期性闪烁。

（7）调试程序。

对于相对复杂的程序，需要反复调试才能确定程序的正确性，程序正确后方可投入使用。S7-1200 PLC 提供两种调试用户程序的方法：程序状态与监控表，也可以使用 TIA 博途软件仿真功能调试用户程序。

将调试好的用户程序下载到 CPU 中，并连接好线路。按下润滑电机启动按钮 SB3，观察润滑电机是否启动并运行，同时观察定时器 DB1 的定时时间，延时 5s 后，再按下主轴电机启动按钮 SB1，观察主轴电机是否启动并运行；按下主轴电机停止按钮 SB2，观察主轴电机是否停止运行，同时观察定时器 DB2 的定时时间，延时 5s 后，再按下润滑电机停止按钮 SB4，观察润滑电机是否停止运行。若上述调试现象与控制要求一致，则说明任务实现。

# 任务 2.3　气压传动技术及其应用

气压传动技术由于其防火、防爆、节能、高效、无污染、反应迅速、调节方便、维护简单、故障率低等特点，在自动化生产线乃至整个工业生产中得到了十分广泛的应用。

## 2.3.1　气压传动系统认知

### 1. 气压传动的定义

气压传动是指以压缩空气作为工作介质来传递动力和实现控制的一门技术，它包含传动技术和控制技术两个方面的内容。

### 2. 气压传动系统的组成

气压传动系统由以下 5 个部分组成。

（1）能源装置。

能源装置是压缩空气的发生装置及存储、净化压缩空气的辅助装置，可以为系统提供合乎质量要求的压缩空气。

（2）气动执行元器件。

气动执行元器件是将气体压力能转换成机械能的元器件，如气缸、气动马达。

（3）气动控制元器件。

气动控制元器件是控制气体压力、流量及运动方向的元器件，如各种阀类、气动逻辑元器件、气动信号处理元器件等。

（4）气动辅助元器件。

气动辅助元器件是系统中的辅助元器件，如消声器、管道、接头等。

（5）工作介质。

工作介质是系统中的工作媒介，主要是压缩空气。

### 3．气压传动的优缺点

气压传动的优点：工作介质经济易取，方便使用；传输压损小，速度快，效率高，适用于集中远距离供气，动作速度快；反应迅速，调节方便，维护简单，故障率低；环境适应性好，污染少，防火防爆，安全性好。

气压传动的缺点：噪声较大，速度负载特性差，运动精度较低，相对液压传动来说功率密度较小。

## 2.3.2 空气压缩机认知

### 1．空气压缩机的作用、分类及主要技术参数

空气压缩机作为气压传动系统能源装置，其主要作用是为系统提供压缩空气，按是否可以移动分为固定式空气压缩机和移动式空气压缩机。空气压缩机如图 2-19 所示。空气压缩机的技术参数主要包括额定电压、工作压力、额定功率、排气量、气罐容量、外形尺寸、净重和噪声参数等。

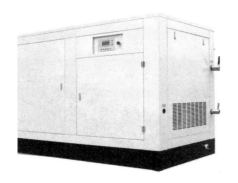

图 2-19　空气压缩机

### 2．空气压缩机的安全操作规程和使用注意事项

空气压缩机的安全操作规程和使用注意事项如下。

（1）空气压缩机的操作者须经过专业训练，了解机器的构造、性能和用途，熟悉操作和维护保养方法，并经考试合格后方能操作。

（2）固定式空气压缩机应安装在稳固的基础上；移动式空气压缩机停妥后，应将轮子用三角木塞住或用制动器制动。

（3）对于皮带传动的空气压缩机，在皮带的周围要设有防护装置或栏杆，以免发生安全事故。

（4）工作前，应检查各部分机件是否良好，连接部分有无松动，若有不正常情况，则应立即修理。

（5）气压表、安全阀和压力调节器等均应良好可靠，每年要检验一次，检验安全阀后应将其查封。

（6）严禁使用汽油或煤油清洗空气压缩机的曲轴箱、滤清器或其他压缩空气用的零件，以免引起爆炸。

（7）对于气罐的放水开关，每工作 4h 和每日工作后应打开放水一次；每月至少将罐内油质等清除一次，每年应做水压试验一次，试验压力应达到工作压力的 1.5 倍以上。

（8）空气输送管须经压力试验后才能使用，试验压力应达到工作压力的 2.5 倍；安装空气输送管时，应避免过于弯曲；如果空气输送管过长，那么可在使用的一端附近加装储气筒或分水滤气器。

（9）禁止任何人员使用压缩空气吹人。

（10）不准在气罐附近进行焊接或进行其他加热工作。

（11）在放气或开关气门时，应通知他人使用地点，空气输送管未装妥时，不得放气。

（12）对于固定式空气压缩机，当使用电机驱动时，电动部分安全操作规程应参照电机安全操作规程执行。

### 2.3.3　气动执行元器件认知

在气压传动系统中，气动执行元器件将气体压力能转换成机械能，最常见的气动执行元器件是气缸和气动马达。气缸用于实现直线运动，气动马达则用于实现连续的旋转运动。一些常见的气动执行元器件外形图和常用气动执行元器件的应用特点分别如图2-20和表2-3所示。

（a）笔形普通气缸　　　　　（b）气爪　　　　　（c）无杆气缸

（d）薄型气缸　　　　　（e）气动马达　　　　　（f）转动气缸

图 2-20　一些常见的气动执行元器件外形图

表 2-3　常用气动执行元器件的应用特点

| 类　型 | 特　点 |
|---|---|
| 单作用气缸 | 结构简单,耗气量少,缸体内安装了弹簧,缩短了气缸的有效行程,弹簧具有吸收动能的作用,可以减小行程终端的撞击作用;一般用于行程短、对输出力和运动速度要求不高的场合 |
| 双作用气缸 | 通过双腔的交替进气和排气驱动活塞杆伸出与缩回,气缸实现往复直线运动,活塞前进或后退都能输出力(推力或拉力);活塞行程可以根据需要选定,双向作用的力和速度可根据需要调节 |
| 摆动气缸 | 利用压缩空气驱动输出轴在一定角度范围内做往复回转运动,其摆动角度可以在一定范围内调节,常用的固定角度有 90°、180°、270°;用于物体的转位、翻转、分类、夹紧、阀门的开闭,以及机器人的手臂动作等 |
| 无杆气缸 | 节省空间,行程缸径比可达 50～200,定位精度高,活塞两侧受压面积相等,具有同样的推力,有利于提高定位精度和长行程的制作。结构简单、占用空间小,适合小缸径、长行程的场合,当限位器使负载停止时,活塞与移动体有脱开的可能 |
| 气爪 | 气爪的开闭一般是通过由气缸活塞产生的往复直线运动带动与气爪相连的曲柄连杆、滚轮或齿轮等机构驱动的;主要是针对机械手的用途而设计的,用来抓取工件,实现机械手的各种动作 |
| 气动马达 | 能快速实现连续正反转,因为气动马达回转部分转动惯量小,且空气本身的惯性也小,所以能快速启动和停止。只要通过电磁换向阀改变进排气方向,就能实现输出轴的正反转。连续满载运转,由于压缩空气的绝热膨胀的冷却作用,能降低滑动摩擦部分的发热,因此气动马达可长时间在高温环境中满载运转,且温升较小,功率范围及转速范围较大 |

### 2.3.4　气动控制元器件认知

在气压传动系统中,使用气动控制元器件控制系统压力、流量和压缩空气流动方向,从而保证气动执行元器件能够按照一定的需求进行动作。气动控制元器件主要包括压力控制阀、方向控制阀和流量控制阀。

**1. 压力控制阀**

压力控制阀主要用于控制系统压力,以满足各种压力需求。压力控制阀主要有减压阀、安全阀和顺序阀,3 种压力控制阀的实物图及应用特点如表 2-4 所示。在自动化生产线中,减压阀的使用较多。

表 2-4　3 种压力控制阀的实物图及应用特点

| 类　型 | 作　用 | 实　物　图 |
|---|---|---|
| 减压阀 | 对来自气源的压力进行二次调节,使气源压力减小到调定的规定值并使之保持稳定,从而满足气动执行元器件的工作需要 | |
| 安全阀 | 安全阀也称溢流阀,在系统中主要起安全保护作用。当系统压力超过调定的规定值后,安全阀打开泄压,使系统压力不超过允许值,从而保证不会因系统压力过高而发生事故 | |

续表

| 类 型 | 作 用 | 实 物 图 |
|------|------|--------|
| 顺序阀 | 主要依靠气路中压力的作用来控制气动执行元器件按顺序动作 | |

在工程上，减压阀、分水滤气器和油雾器经常组合在一起使用，称为气动三联件，如图 2-21 所示。气动三联件的安装连接顺序依次为分水滤气器、减压阀、油雾器。一般三件组合使用，有时也只用其中的一件或两件。

图 2-21　气动三联件

### 2．方向控制阀

方向控制阀是指在气压传动系统中，通过改变压缩空气的流动方向和气流通断来控制气动执行元器件启动、停止及运动方向的气动元器件。

电磁换向阀是气压传动系统的核心元器件之一，易于控制和进行远距离操作，在气压传动系统中的应用十分广泛。电磁换向阀线圈通电时将输出电磁力驱动阀芯运动，从而改变压缩空气的流动方向。根据阀芯的复位控制方式，电磁换向阀可以分为单电控电磁换向阀和双电控电磁换向阀两种，如图 2-22 所示。

（a）单电控电磁换向阀

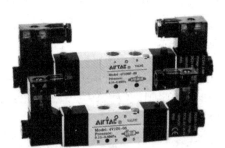

（b）双电控电磁换向阀

图 2-22　电磁换向阀

注意：对于双电控电磁换向阀，两侧的电磁铁不能同时得电，否则可能导致线圈损坏。因此，在电气控制回路或者相应的控制程序上，应设置防止两个电磁铁同时得电的互锁回路或互锁程序。

电磁换向阀按照通道数目的不同可以分为二通阀、三通阀、四通阀和五通阀；按照工作位置数目的不同可以分为二位阀和三位阀。部分电磁换向阀的图形符号如图 2-23 所示。

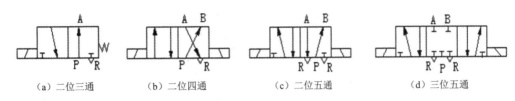

（a）二位三通　　　（b）二位四通　　　（c）二位五通　　　（d）三位五通

图 2-23　部分电磁换向阀的图形符号

在实际工程应用中，为了提高集成化程度，简化控制阀的控制回路及气路的连接，优化控制系统结构，通常将多个电磁换向阀及相应的气动辅助元器件等集中到汇流板上形成一个集合体，这个集合体称为电磁阀导，如图 2-24 所示。

### 3．流量控制阀

在气动系统中，流量控制阀通过改变阀的流通截面积来实现流量控制，从而控制气缸的运动速度。流量控制阀包括节流阀、单向节流阀和带消声器的排气节流阀等，3 种流量控制阀的实物图及应用特点如表 2-5 所示。

图 2-24　电磁阀导

表 2-5　3 种流量控制阀的实物图及应用特点

| 类　型 | 作　用 | 实　物　图 |
| --- | --- | --- |
| 节流阀 | 调节旋钮便可以改变节流阀的流通截面积，从而实现对流量的控制。结构简单，价格低廉。节流阀没有流量负反馈功能，不能补偿由负载变化所造成的速度不稳定，一般仅用于负载变化不大或对速度稳定性要求不高的场合 | |
| 单向节流阀 | 将节流阀和单向阀并联可组合成单向节流阀，其既可以作为单向阀使用，又可以作为节流阀使用 | |
| 带消声器的排气节流阀 | 带消声器的排气节流阀通常装在电磁换向阀的排气口上，控制排入大气的空气流量，以改变气缸的运动速度。排气节流阀常带有消声器，可降低排气噪声 20dB 以上，一般用于电磁换向阀与气缸之间不能安装速度控制阀的场合及带阀气缸上 | |

## 2.3.5　气压传动系统的安装调试与使用维护

### 1．气压传动系统的安装

1）气动元器件的安装

安装气动元器件时，应注意以下事项。

（1）安装前应对气动元器件进行清洗，必要时要进行密封试验。

（2）各类阀体上的箭头方向或标记要符合气流流动方向的要求。

（3）应按控制回路的需要，将气动元器件成组地装于底板上，并在底板上引出气路，用软管接出。

（4）密封圈不要装得太紧，特别是 V 形密封圈，由于其阻力特别大，所以松紧要合适。

（5）气缸的中心线与负载作用力的中心线要同心，否则会引起侧向力，使密封件加速磨损、活塞杆弯曲。

（6）在安装前，应对各种自动控制仪表、自动控制器、压力继电器等进行校验。

2）气动管道的安装

安装气动管道时，应注意以下事项。

（1）管道支架要牢固，工作时不得产生振动。

（2）各处接头、管道不允许漏气。

（3）安装软管时，其长度应有一定余量；软管弯曲处的弯曲半径应符合规定要求；在安装直线段软管时，不要使端部接头和软管间受拉伸；应尽可能远离热源；管路系统中任何一段管道均应方便拆装。

## 2. 气压传动系统的吹污和试压

管路系统安装完成后，要用干燥空气吹除系统中的一切污物。可用白布来检查，以 5min 内无污物为合格。

系统的密封性是否符合标准，可用气密试验进行检查，使系统处于 1.2～1.5 倍的额定压力下保压一段时间，其压力变化量不得超过技术文件规定值。在试压过程中，要随时注意安全，如果发现系统出现异常，那么应立即停止试验，待查出原因，清除故障后再进行试验。

## 3. 气压传动系统的调试

调试气压传动系统前要熟悉说明书等有关技术资料，全面了解系统的原理、结构、性能及操作方法，了解元器件在设备上的实际位置、操作方法及调节旋钮的旋向等。对于自动化生产线气压传动系统的前期调试，建议手动进行，主要验证气动控制元器件对气动执行元器件的控制能否实现、安装的位置是否正确、与其他机械零部件能否协调工作等内容。

## 4. 气压传动系统的使用与维护

1）使用时的注意事项

（1）启动前、关停后要放掉系统中的冷凝水并在启动前检查各调节旋钮是否在正确位置，对导轨、活塞杆等外露部分的配合表面进行擦拭。

（2）随时注意压缩空气的清洁度，对系统中的滤芯要定期清洗并定期给油雾器加油。

（3）设备长期不使用时，应将各旋钮放松，以免弹簧失效而影响元器件性能。

（4）熟悉元器件控制机构的操作特点，严防调节错误而造成事故。要注意各元器件调节旋钮的旋向与压力、流量大小变化的关系。

**2）系统的日常维护**

气压传动系统的日常维护主要是对冷凝水的管理和对系统润滑的管理。

冷凝水排放涉及整个气动系统，从空气压缩机、后冷却器、气罐、管道系统直到各处空气过滤器、干燥器和自动排水器等。在作业结束时，应当将各处的冷凝水排放掉，以防夜间温度低于0℃时冷凝水结冰。由于夜间管道内温度下降，会进一步析出冷凝水，故在每天运转气动装置前，也应将冷凝水排出。要注意查看自动排水器是否正常工作，水杯内不应存水过量。

润滑油的性质将直接影响润滑效果，其供油量是随润滑部位的形状、运动状态及负载大小而变化的，供油量总是大于实际需要量。要注意油雾器的工作是否正常，如果发现油量没有减少，那么需要及时调整滴油量，经调试无效后需要进行检修或更换油雾器。

# 任务 2.4　传感器认知及其应用

传感器广泛应用于自动化生产线中，属于反馈元器件，用于感知生产过程中的各个参数并将感知的参数转换成与之相对应的有用电信号进行输出，按照反馈信号的不同可以分为开关量传感器、数字量传感器和模拟量传感器。

## 2.4.1　开关量传感器认知及其应用

开关量传感器又称接近开关，是一种采用非接触式检测、输出开关量的传感器。在自动化设备中应用较为广泛的主要有磁感应式接近开关、电容式接近开关、电感式接近开关和光电式接近开关等。

### 1．磁感应式接近开关

（1）认识磁感应式接近开关。

磁感应式接近开关是利用磁场信号来控制线路的开关器件，也称磁性开关，如图 2-25 所示，其工作方式是当有磁性物质接近时，磁性开关感应动作并输出开关信号。

在自动化设备中，磁性开关主要与内部活塞（或活塞杆）上安装有磁环的各种气缸配合使用，用于检测气缸等气动执行元器件的两个极限位置。为了方便使用，每个磁性开关上一般都有动作指示灯。当检测到磁信号时，输出电信号，指示灯亮，否则指示灯灭。

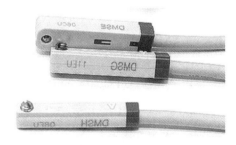

图 2-25　磁性开关

（2）技术参数。

磁性开关的技术参数有工作电压、工作温度、工作输出电流、切换频率等。

### 2．电容式接近开关

（1）认识电容式接近开关。

电容式接近开关如图 2-26 所示。电容式接近开关对环境条件要求不高，可以检测各种物质。电容式接近开关利用自身的测量头构成电容器的一个极板，被检测物体构成另一个极板。当有物体靠近电容式接近开关时，物体与接近开关的极距或者介电常数发生变化，引起静电容量发生变化，使得和测量头连接的电路状态也相应地发生变化，并输出开关信号。

电容式接近开关一般应用在尘埃多、易接触到有机溶剂及要求较高性价比的场合中。电容式接近开关的检测内容多样性的特点，使其得到了更广泛的应用。

（2）技术参数。

电容式接近开关的技术参数主要有工作电压、工作电流、工作温度、响应时间和滞后距离等。

### 3．电感式接近开关

（1）认识电感式接近开关。

电感式接近开关如图 2-27 所示，其利用金属物体在接近时能使其内部产生电涡流，使其振荡能力衰减，内部电路的参数发生变化，进而控制开关的通断。电感式接近开关具有动作灵敏、稳定可靠、没有电火花、体积小、重量轻、无抖动、防爆性强、定位精度高、检测距离长、使用电压范围广、可靠性高等优点，是一种安全、寿命长的控制元器件。

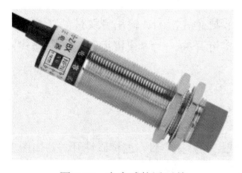

图 2-26　电容式接近开关　　　　　　　图 2-27　电感式接近开关

由于电感式接近开关基于涡流效应工作，因此它检测的对象必须是金属。

（2）技术参数。

电感式接近开关的技术参数主要有工作电压、工作电流、工作温度、响应时间和滞后距离等。

### 4．光电式接近开关

（1）认识光电式接近开关。

光电式接近开关如图 2-28 所示。光电式接近开关是一种利用光电效应制成的传感器，主要由光发射器和光接收器组成。光发射器用于发射红外光或可见光，光接收器用于接收发射器发射的光,将光信号转换为电信号并以开关量的形式输出。光电式接近开关根据其工作原理的不同可以分为对射式、反射式和漫射式 3 种类型。

图 2-28　光电式接近开关

光电式接近开关具有体积小、功能多、寿命长、精度高、响应速度快、检测距离远,以及抗电/磁干扰能力强等优点,常被用于位置检测、液位控制、产品计数、宽度判别、速度检测、定长剪切、孔洞识别、信号延时、自动门传感、色标检测及安全防护等。

光电式接近开关对环境条件要求较高,不能安装在水、油、灰尘多的地方,应回避强光及室外太阳光的直射,同时应注意消除背景物的影响。

(2)技术参数。

光电式接近开关的技术参数主要有工作电压、工作电流、工作温度、感应距离等。

### 5. 开关量传感器接线

无论是磁性开关、电容式接近开关、电感式接近开关,还是光电式接近开关,其接线方法基本相同,这里以磁性开关为例说明其接线方法。

磁性开关有两线制和三线制的区别,如图 2-29 所示。三线制磁性开关又分为 NPN 型磁性开关和 PNP 型磁性开关。NPN 型磁性开关共用正电压,输出负电压;PNP 型磁性开关共用负电压,输出正电压。

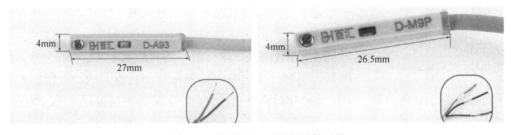

图 2-29　两线制、三线制磁性开关

两线制磁性开关的接线比较简单,磁性开关与负载串联后接到电源即可。三线制磁性开关的接线示意图如图 2-30 所示。红(棕)色线接电源正极;蓝色线接电源 0V 端;黄(黑)色线为信号线,应接负载。对于 NPN 型磁性开关,负载接磁性开关的+V 端和 N.0 端;对于 PNP 型磁性开关,负载接磁性开关的 N.0 端和-V 端。磁性开关的负载可以是信号灯、继电器线圈或 PLC 的数字量输入模块。

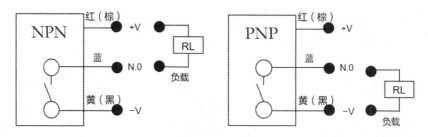

图 2-30　三线制磁性开关的接线示意图

## 2.4.2　数字量传感器认知及其应用

数字量传感器是指将传统的模拟量传感器经过加装或改造 A/D 转换模块，使之输出信号为数字量（或数字编码）的传感器，主要由放大器、A/D 转换器、微处理器（CPU）、存储器、通信接口和测试电路组成，具有测量精度和分辨率高、抗干扰能力强、稳定性好、易于与计算机连接、便于信号处理和实现自动化测量、适宜远距离传输等优点，在精度要求高的场合应用极为普遍。

工业中运用较多的数字量传感器有光电编码器、数字光栅传感器、感应同步器和视觉传感器等。

### 1．光电编码器

（1）认识光电编码器。

光电编码器如图 2-31 所示。光电编码器在实际工程中的应用非常广泛，是将信号（如比特流）或数据进行编制、转换为可用以通信、传输和存储的信号形式的设备。光电编码器将角位移或直线位移转换成电信号，前者称为码盘，后者称为码尺。

图 2-31　光电编码器

光电编码器按照工作原理的不同可分为绝对式光电编码器和增量式光电编码器两种。绝对式光电编码器通过读取编码盘上的二进制编码信息来表示绝对位置信息，二进制位数越多，测量精度越高，输出信号线对应越多，结构越复杂，价格越高。绝对式光电编码器的每一个位置对应一个确定的数字码，因此它的数值只取决于测量的起始和终止位置，与测量的中间过程无关。增量式光电编码器直接利用光电转换原理输出 3 组方波脉冲信号：A、B 和 Z。A、B 两组脉冲的相位差为 90°，用于判断旋转方向，Z 为初始相位，用于判断初始位置。增量式光电编码器的测量精度取决于码盘的刻线数，但结构相对绝对式光电编码器简单，价格低廉。

光电编码器具有体积小、精度高、无接触、无磨损、寿命长、接口数字化、工作可靠等优点，广泛应用于数控机床、工业机器人、自动装配线、电梯和纺织机械等。

（2）技术参数。

光电编码器的技术参数主要有工作电压、工作电流、分辨率、输出相位差等。

（3）接线。

以输出 A、B、Z 相方波脉冲信号的光电编码器为例，该编码器与 PLC 的接线图如图 2-32 所示。光电编码器有 5 条线，其中 3 条是脉冲输出线，与 PLC 信号输入端相连；1 条是 COM 线，与电源负极相连；1 条是电源线，与电源正极相连。

**2．数字光栅传感器**

（1）认识数字光栅传感器。

数字光栅传感器如图 2-33 所示。数字光栅传感器由标尺光栅、指示光栅、光路系统和测量系统 4 部分组成，是根据标尺光栅与指示光栅之间形成的莫尔条纹制成的一种脉冲输出数字式传感器。

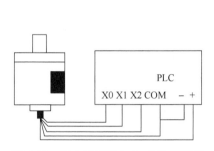

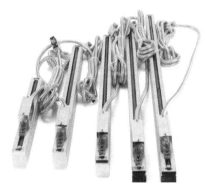

图 2-32    光电编码器与 PLC 的接线图　　　　图 2-33    数字光栅传感器

数字光栅传感器具有测量精度高、分辨率高、测量范围大、动态特性好等优点，适用于非接触式动态测量，易于实现自动化，广泛应用于数控机床等闭环系统的线位移和角位移的自动检测及精密测量方面，测量精度可达几微米。数字光栅传感器在工业现场使用时，对工作环境要求较高，不能承受较大的冲击和振动，要求密封以防止尘埃、油污和铁屑等污染，故成本较高。

（2）技术参数。

数字光栅传感器的技术参数主要有工作温度、工作电压、工作电流、分辨率、精度、栅距和输出信号等。

（3）接线。

数字光栅传感器的接线为三线制，分别为正极"+"、负极"–"和脉冲信号"A"。数字光栅传感器与 PLC 的接线图如图 2-34 所示。该类型传感器可分为 NPN 型与 PNP 型两种型号。如果 PLC 输入的 COM 端接电源负极，就选 NPN 型；如果 PLC 输入的 COM 端接电源正极，就选 PNP 型。

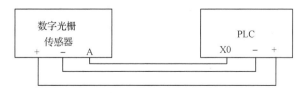

图 2-34    数字光栅传感器与 PLC 的接线图

### 3. 感应同步器

（1）认识感应同步器。

感应同步器如图 2-35 所示。感应同步器是利用定尺与滑尺之间的电磁感应来测量直线位移或角位移的一种精密传感器，按照工作原理的不同可以分为直线式感应同步器和圆盘式感应同步器。

图 2-35　感应同步器

感应同步器具有对环境温度和湿度变化要求低、测量精度高、抗干扰能力强、使用寿命长和便于成批生产等特点，在各领域应用极为广泛。直线式感应同步器广泛应用于大型精密坐标镗床、坐标铣床、数控和数显；圆盘式感应同步器常用于雷达跟踪、导弹制导、精密机床或测量仪器的分度装置等。

（2）技术参数。

感应同步器的技术参数主要有工作温度、准确度、直流电阻、抗剥强度、绝缘电阻和输出信号等。

（3）接线。

感应同步器的接线为五线制，输出端可以直接与数显表连接，也可以经过滤波、整形、鉴相、采集后输入 PLC。感应同步器与数显表的接线示意图如图 2-36 所示。输入 in1、in2 为正弦信号激励，输出 out1、out2 为感应后的正余弦信号。

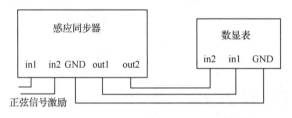

图 2-36　感应同步器与数显表的接线示意图

### 4. 视觉传感器

（1）认识视觉传感器。

视觉传感器如图 2-37 所示。视觉传感器主要由一个或者两个图形传感器组成，有时还要配以光投射器及其他辅助设备，是将物体的光信号转换成电信号的元器件，是整个机器视觉系统的信息的直接来源。视觉传感器的主要功能是获取足够多的机器视觉系统要处理的原始图像，通常用图像分辨率来描述视觉传感器的性能。视觉传感器的精度不仅与分辨率有关，而且与被测物体的检测距离有关，被测物体距离越远，其绝对的位置精度越低。

视觉传感器已经被广泛应用于各种生产线的检验、测量、计量、定向和瑕疵检测等方面。

（2）技术参数。

视觉传感器的技术参数主要有工作电压、电流损耗、传感器类型、图像分辨率、像素大小、图像读取时间和动态范围等。

（3）接线。

图 2-37   视觉传感器

视觉传感器一般自身带有处理器，能对拍摄的图像按照设定的参数进行处理，并将处理后的数据传送给上位机。由于视觉传感器采用以太网方式与上位机进行通信，因此接线的方式采用网线连接，如图 2-38 所示。网线一端接到视觉传感器上，一端接到交换机上即可。

图 2-38   视觉传感器与交换机的接线示意图

### 2.4.3   模拟量传感器认知及其应用

模拟量传感器是将被测量的非电学量转化为模拟量电信号的传感器。它可以检测在一定范围内连续变化的数值，发出的是连续的信号，一般用电流、电压及电阻等表示被测量参数的大小。模拟量传感器主要用于对生产系统中位移、温度、压力、流量及液位等常规模拟量的检测。为了保证模拟量检测的精度和提高抗干扰能力，便于与后续处理器进行自动化系统集成，所使用的各种模拟量传感器一般都配有专门的信号转换与处理电路变送器，两者组合在一起使用，将检测到的模拟量转换为标准的电信号，这种检测装置称为变送器。

常见的变送器如图 2-39 所示，有压力变送器、温度变送器、液位变送器、流量变送器等。

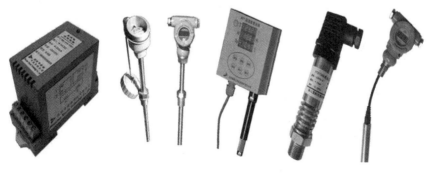

图 2-39   常见的变送器

## 项目测评

在 TIA 博途软件中组态的常见方法有哪些？有什么区别？

## 思考练习及知识拓展

在某些自动化生产线中，除了使用气压传动技术，也会使用液压传动技术，请思考液压传动技术与气压传动技术的区别和共同点，它们分别适用于什么场合？

PLC 型号有很多，S7-1200 PLC 只是其中一种，请检索其他的 PLC 型号并分析它们的使用方法和指令系统的不同之处。

## 思政元素及职业素养元素

压力容器是指盛装气体或者液体的承载一定压力的密闭设备，其范围规定为盛装最高工作压强大于或者等于 0.1MPa（表压），且压强与容积的乘积大于或者等于 2.5MPa·L 的气体、液化气体和最高工作温度高于或者等于标准沸点的液体的固定式容器和移动式容器；盛装公称工作压强大于或者等于 0.2MPa（表压），且压强与容积的乘积大于或者等于 1.0MPa·L 的气体、液化气体和标准沸点等于或者低于 60℃液体的气瓶、氧舱等。

前文所述的气罐属于压力容器，十分危险，其作业人员必须经过培训考核并取得特种设备作业人员证书，方可从事相应作业，并且在作业时务必注意规范操作，防止发生安全事故。

# 项目 3 　主件供料单元的安装与调试

　　按照主件供料单元的要求，在规定时间内完成机械零部件及电气元器件的安装、气路连接、电气系统接线、PLC 程序设计和调试等内容。

　　（1）熟悉主件供料单元的基本功能。
　　（2）熟悉机械零部件及电气元器件，并能完成其安装与调试。
　　（3）能根据气动原理图完成气路连接。
　　（4）能根据电气原理图完成电气系统的硬件连接和调试。
　　（5）能结合主件供料单元的控制要求完成 PLC 编程和调试。
　　（6）能对主件供料单元的常见故障及时进行排除。
　　（7）培养勤思考、多动手的习惯。
　　（8）培养认真负责的工作态度、一丝不苟的工作作风和敬业、精益、专注的工匠精神。

◆ 知识准备 ◆

## 1. 主件供料单元认知

　　主件供料单元是自动化生产线系统的第一个工作单元，主要用于实现主件的上料，并将主件自动转运至下一个工作单元。

　　1）主件供料单元的结构组成

　　主件供料单元的基本结构如图 3-1 所示。主件供料单元主要由基础平台（图中未标明）、同步带输送组件、滑道上料组件和电气元器件等组成。

　　（1）基础平台。

　　基础平台的作用主要是为其他元器件提供安装接口及支撑，在安装过程中应尽可能保持水平状态。基础平台上预制了铝制 T 形槽，方便其他元器件的安装。

　　（2）同步带输送组件。

　　同步带输送组件主要由搬运电机、连接装置、同步带组件、升降气缸、气爪、升降气缸抬起检测传感器、升降气缸落下检测传感器、气爪松开检测传感器、气爪夹紧检测传感器及螺钉等零件组成。系统通过 PLC 控制搬运电机的转动，搬运电机通过连接装置带动同步带运动，从而将工件输送至下一个工作单元。气爪用于抓取和释放工件，气爪松开检测传感器和气爪夹紧检测传感器用于检测气爪位置。升降气缸抬起检测传感器和升降气缸落下检测传感器用于检测升降气缸位置。

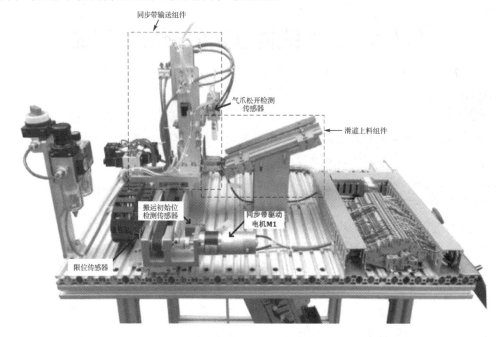

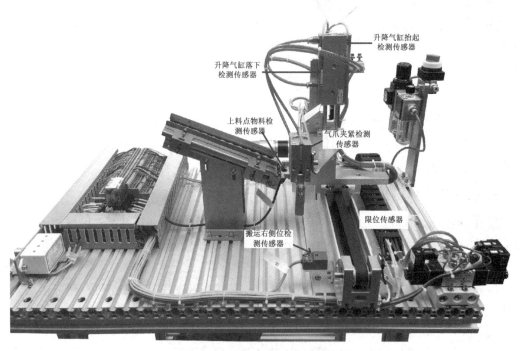

图 3-1　主件供料单元的基本结构

（3）滑道上料组件。

滑道上料组件主要由带滚轮的斜坡滑道、支撑件、上料点物料检测传感器、连接件及螺钉等零件组成。支撑件通过螺钉固定于基础平台上，带滚轮的斜坡滑道通过螺钉固定于支撑件上。上料点物料检测传感器用于检测是否存在物料，并将信号反馈给控制系统。

（4）电气元器件。

主件供料单元涉及的主要电气元器件有 PLC、变频器、断路器、电机、接线端子排、传感器和开关等，以上元器件可以结合接线和编程用于实现对主件供料单元的综合控制。

2）主件供料单元的控制要求及动作流程

主件供料单元的控制要求及动作流程如图 3-2 所示。

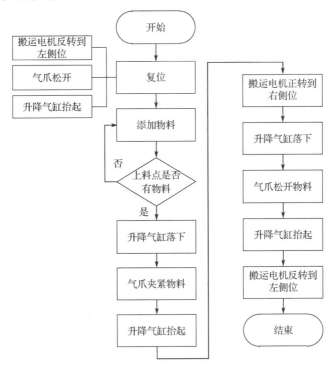

图 3-2　主件供料单元的控制要求及动作流程

系统初始化后，设备处于初始状态，此时搬运电机处于最左端的搬运初始位，升降气缸处于最上端，气爪处于松开状态。人工将物料放置在上料处的滑槽上，物料滑动至滑槽末端。当滑槽末端的物料检测传感器检测到有物料后，升降气缸带动气爪下行并夹取物料，夹取成功后，气爪上行，搬运电机开始正转，驱使同步带输送组件从搬运初始位向搬运右侧位移动，当同步带输送组件移动到搬运右侧位时，搬运电机停止正转，升降气缸带动气爪下行到第二站的物料承载平台上方，气爪松开将物料放下，放置物料成功后，升降气缸带动气爪上行，搬运电机开始反转，同步带输送组件回到搬运初始位。

## 2．变频器技术及其应用

变频器是应用变频技术与微电子技术，通过改变电机工作电源频率方式来控制交流电机的电力控制设备，主要由整流单元、滤波单元、逆变单元、制动单元、驱动单元、检测单元及微处理单元等组成。变频器有很多的保护功能，如过流保护、过压保护和过载保护等。

国内外变频器的品牌和型号较多，由于 DPRO-IFAE-ADV 型自动化生产线使用的是 SINAMICS V20 变频器，因此这里只介绍 SINAMICS V20 变频器，其余变频器的安装和调试方法基本类似。

1）SINAMICS V20 变频器介绍

SINAMICS V20 变频器具有调试过程快捷、易于操作、稳定可靠及经济高效的特点，有 4 种外形尺寸可供选择，输出功率覆盖范围为 0.12～15kW。

DPRO-IFAE-ADV 型自动化生产线使用的是 SINAMICS V20 变频器，该变频器的具体组件为 FSAA，额定输出功率为 0.12kW，额定输入电流为 2.3A，额定输出电流为 0.9A。SINAMICS V20 变频器的实物图及接线端子如图 3-3 所示。

图 3-3　SINAMICS V20 变频器的实物图及接线端子

2）SINAMICS V20 变频器的机械安装

SINAMICS V20 变频器必须安装在封闭的电气操作区域或控制电柜内，应垂直安装（见图 3-4），安装间距应符合图 3-5 和表 3-1 的要求。

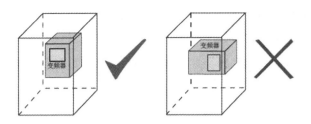

图 3-4　SINAMICS V20 变频器的安装方向示意图

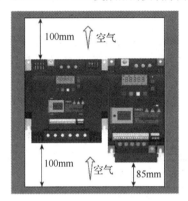

图 3-5　SINAMICS V20 变频器的安装间距示意图

表 3-1　SINAMICS V20 变频器的安装间距

| 位　置 | 尺 寸 要 求 |
|---|---|
| 上部 | ≥100mm |
| 下部 | ≥100mm |
| | ≥85mm |
| 侧面 | ≥0 mm |

　　SINAMICS V20 变频器有壁挂式安装、穿墙式安装和 DIN 导轨安装 3 种安装方法，壁挂式安装是指将变频器直接安装在电柜壁上，穿墙式安装是指变频器安装时将散热器延伸至电柜外，DIN 导轨安装是将变频器安装在 DIN 导轨安装件上。这 3 种安装方式有所不同。DPRO-IFAE-ADV 型自动化生产线的 SINAMICS V20 变频器采用的是壁挂式安装方式，其安装步骤如下。

　　（1）根据安装尺寸准备安装表面。

　　（2）确保钻孔无毛边且平板散热器洁净无油污，使用平滑的无涂层金属安装表面和外接散热器（如使用）。

　　（3）使用最小热传递系数为 0.9W/（m·K）的非硅导热膏在平板散热器后表面及变频器安装板的表面进行均匀涂敷。

　　（4）使用 4 颗 M4 螺钉固定安装变频器，螺钉的拧紧力矩为 1.8N·m（公差：±10%）。

　　（5）如果需要使用外接散热器，那么必须先将导热膏均匀涂敷在外接散热器及变频器安装板的表面，然后将外接散热器安装在安装板的另一面。

　　（6）安装完成后，请在所需的应用条件下运行变频器，同时监控参数 r0037[0]（测得

---

的散热器温度），以验证冷却效果。在考虑了预期应用环境温度范围的条件下，正常运行过程中的散热器温度不得超过 90℃。

（7）如果散热器的温度超出上述极限，那么必须采取更多冷却措施（如使用外接散热器），直至满足温度条件。

其余两种安装方式请自行查阅《SINAMICS V20 变频器操作说明》。

3）SINAMICS V20 变频器的电气安装

（1）端子说明。

SINAMICS V20 变频器不同组件的接线端子不同，但是大同小异。L1、L2/N、L3 为电源端子，PE 端子为接地端子，U、V、W 为电机接线端子，其余为用户端子，FSAA/FSAB 的用户端子和 FSA 至 FSE 的用户端子分别如图 3-6 和图 3-7 所示。

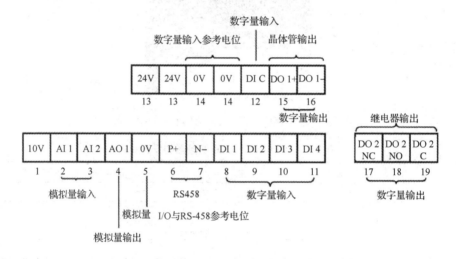

图 3-6　FSAA/FSAB 的用户端子

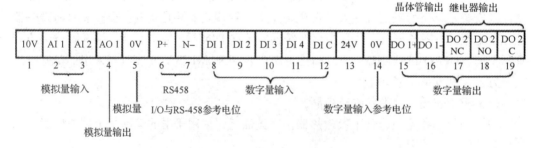

图 3-7　FSA 至 FSE 的用户端子

注意：端子号为 1～16 的输入端子及输出端子为安全特低电压（SELV）端子，必须连接低压电源。

（2）典型接线图。

SINAMICS V20 变频器的典型接线图如图 3-8 所示，图中包括主电路和控制电路两部分。

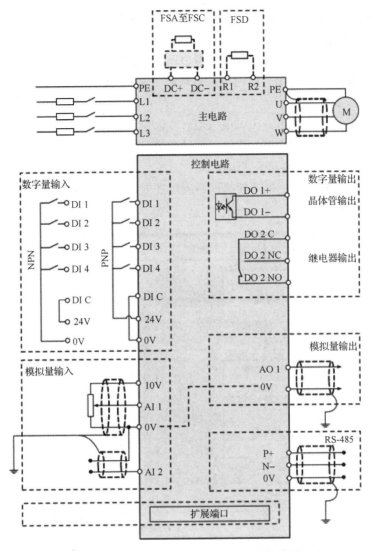

图 3-8　SINAMICS V20 变频器的典型接线图

主电路部分包括如下内容。

- 进线端,对应图 3-8 中的 L1、L2、L3,根据变频器型号的不同,有单相 220V 供电和三相 380V 供电两种规格。
- 出线端,对应图 3-8 中的 U、V、W,连接电机,SINAMICS V20 变频器的输出均为三相,电压有 220V 和 380V 两种规格,根据电机型号选择,本设备中的电机为三相 220V 供电。
- 保护端,对应图 3-8 中的 DC+、DC−,连接制动单元,R1、R2 连接制动电阻。在电机减速时,变频器处于发电机状态,会使进线端电压升高,为保证电网稳定,需要连接电阻消耗掉再生的电能,当变频器功率较小时,产生的再生电能很少,不需要连接制动单元或制动电阻。

控制电路部分包括如下内容。

- 数字量输入:作为控制变频器的输入接口,如启动、反转等,使用不同的连接宏,同一个输入端子的功能会有区别。数字量输入的供电为 DC24V，可以由外部供电或内部供电，当使用内部供电时，DIC 和 0V 端子必须短接。

- 数字量输出：分为晶体管输出和继电器输出两种。
- 模拟量输入：接收 0～10V 电压信号或 0～20mA 电流信号，可由外部电路（如 PLC）给定频率。
- 模拟量输出：发送 0～10V 电压信号，信息可以是变频器当前电压、频率、电流等参数，通过参数设置规定输出哪种参数。
- 通信接口：提供 RS-485 通信接口。

在控制电柜内抑制干扰的有效措施是确保在安装时将干扰源与可能被干扰的设备进行隔离，如图 3-9 所示。

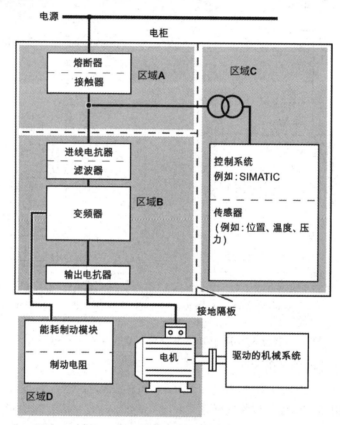

图 3-9　干扰抑制措施

必须将控制电柜分成多个 EMC 区域，并且按照以下原则将设备安装在相应的区域内。

① 必须使用单独的金属外壳或接地隔板对各区域进行电磁去耦。

② 如有必要，应在各区域间接口处安装滤波器及/或耦合模块。

③ 连接不同区域的电缆时必须分开走线，不得将不同区域的电缆敷设在相同的线槽内。

④ 从电柜中引出的所有通信（如 RS-485）和信号电缆必须屏蔽。

4）通过内置基本操作面板对 SINAMICS V20 变频器进行调试

（1）内置基本操作面板介绍。

SINAMICS V20 变频器的内置基本操作面板（BOP）如图 3-10 所示，内置 BOP 各个按钮对应的功能如表 3-2 所示。

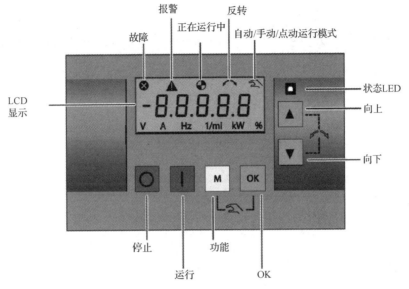

图 3-10　SINAMICS V20 变频器的内置基本操作面板（BOP）

表 3-2　内置 BOP 各个按钮对应的功能

| 按钮图标 | 按钮功能 | |
|---|---|---|
| ○ | 停止变频器 | |
| | 单击 | OFF1 停车方式：电机按参数 P1121 中设置的斜坡下降时间减速停车 |
| | 双击（<2s）或长按（>3s） | OFF2 停车方式：电机不采用任何斜坡下降时间，按惯性自由停车 |
| \| | 启动变频器 | |
| | 若变频器在自动/手动/点动运行模式下启动，则显示变频器运行图标 | |
| M | 多功能按钮 | |
| | 短按（<2s） | （1）进入参数设置菜单或者转至设置菜单的下一个显示画面。<br>（2）就当前所选项重新开始按位编辑。<br>（3）返回故障代码显示画面。<br>（4）在按位编辑模式下连按两次即返回编辑前画面 |
| | 长按（>2s） | （1）返回状态显示画面。<br>（2）进入设置菜单 |
| OK | 确认按钮 | |
| | 短按（<2s） | （1）在状态显示数值间切换。<br>（2）进入数值编辑模式或换至下一位。<br>（3）清除故障。<br>（4）返回故障代码显示画面 |
| | 长按（>2s） | （1）快速编辑参数号或参数值。<br>（2）访问故障信息数据 |

续表

| 按 钮 图 标 | 按 钮 功 能 |
|---|---|
| M + OK | 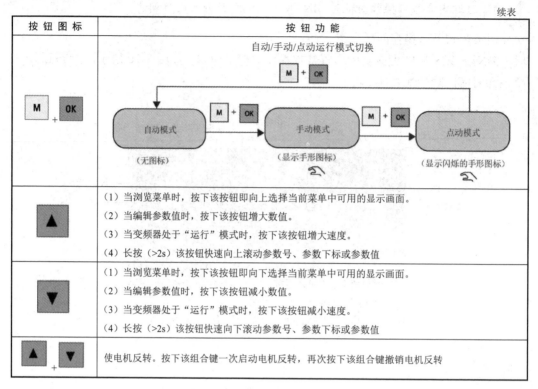 |
| ▲ | （1）当浏览菜单时，按下该按钮即向上选择当前菜单中可用的显示画面。<br>（2）当编辑参数值时，按下该按钮增大数值。<br>（3）当变频器处于"运行"模式时，按下该按钮增大速度。<br>（4）长按（>2s）该按钮快速向上滚动参数号、参数下标或参数值 |
| ▼ | （1）当浏览菜单时，按下该按钮即向下选择当前菜单中可用的显示画面。<br>（2）当编辑参数值时，按下该按钮减小数值。<br>（3）当变频器处于"运行"模式时，按下该按钮减小速度。<br>（4）长按（>2s）该按钮快速向下滚动参数号、参数下标或参数值 |
| ▲ + ▼ | 使电机反转。按下该组合键一次启动电机反转，再次按下该组合键撤销电机反转 |

（2）变频器状态图标。

SINAMICS V20 变频器状态图标如表 3-3 所示。

表 3-3　SINAMICS V20 变频器状态图标

| 按 钮 图 标 | 说　明 | |
|---|---|---|
| ⊗ | 变频器至少存在一个未处理的故障 | |
| ⚠ | 变频器至少存在一个未处理的报警 | |
| ⊕ | ⊕ | 变频器在运行中（电机转速可能为 0 rpm） |
| | ⊕ 闪烁 | 变频器可能被意外上电（例如，霜冻保护模式时） |
| ⌒ | 电机反转 | |
| ✌ | ✌ | 变频器处于手动模式 |
| | ✌ 闪烁 | 变频器处于点动模式 |

（3）查看变频器状态。

变频器显示菜单可以显示诸如频率、电压、电流等关键参数，从而实现对变频器的基本监控。

查看变频器状态的方法如图 3-11 所示。

（4）LED 状态。

SINAMICS V20 变频器只有一个 LED 状态指示灯，LED 可显示橙色、绿色或红色，具体状态取决于变频器的工作状态，如表 3-4 所示。

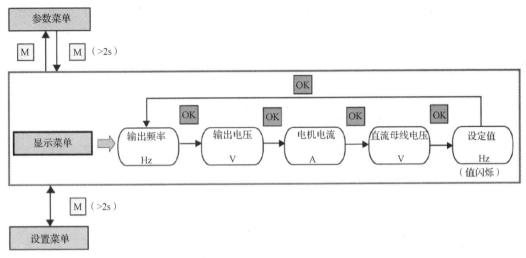

图 3-11　查看变频器状态的方法

表 3-4　LED 状态

| 变频器的工作状态 | LED 颜色 | |
| --- | --- | --- |
| 上电 | 橙色 | |
| 准备就绪 | 绿色 | |
| 调试模式 | 绿色，以 0.5Hz 的频率闪烁 | |
| 发生故障 | 红色，以 2Hz 的频率闪烁 | |
| 参数克隆 | 橙色，以 1Hz 的频率闪烁 | |

（5）上电前检查。

在变频器系统上电前应进行如下检查。

- 检查所有电缆是否正确连接，以及是否已采取所有相关的产品、工厂/现场安全预防措施。
- 确保电机和变频器的配置对应正确的电源电压。
- 将所有螺钉拧紧至指定的拧紧力矩。

（6）电机试运行。

在调试过程中，为了检查电机转速和转动方向是否正确，需要进行试运行。

启动电机时，变频器必须处于显示菜单画面（默认显示）及上电默认状态，且参数 P0700（选择命令源）=1。如果变频器当前处于设置菜单画面（变频器显示"P0304"），长按（>2s）M 键退出设置菜单并进入显示菜单。

电机可以在手动或点动模式下启动，手动或点动模式通过 M+OK 组合键切换。

（7）快速调试。

快速调试的方法有两种：通过设置菜单进行快速调试及通过参数菜单进行快速调试。这里只介绍通过设置菜单进行快速调试的方法。

设置菜单将会引导操作者执行快速调试变频器系统所需的主要步骤。该菜单由表 3-5 所示的子菜单组成。

表 3-5  设置菜单结构

| 序　号 | 子 菜 单 | 功　　能 |
|---|---|---|
| 1 | 电机数据 | 设置用于快速调试的电机额定参数 |
| 2 | 连接宏选择 | 选择所需的宏进行标准接线 |
| 3 | 应用宏选择 | 选择所需的宏用于特定应用场景 |
| 4 | 常用参数选择 | 设置必要的参数以实现变频器性能优化 |

通过设置菜单进行快速调试的流程如图 3-12 所示。

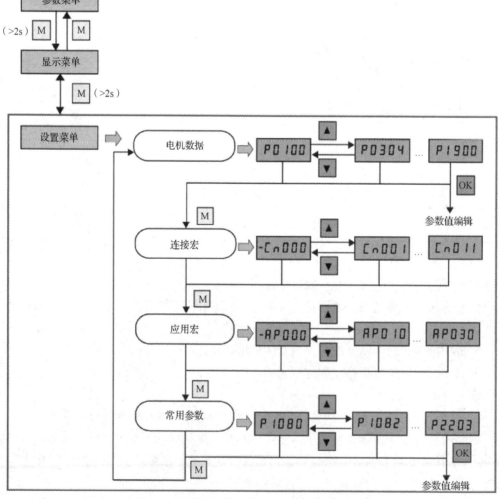

图 3-12  通过设置菜单进行快速调试的流程

电机数据参数设置、连接宏设置、应用宏设置和常用参数设置如表 3-6、表 3-7、表 3-8 和表 3-9 所示。当调试变频器时，连接宏设置和应用宏设置均为一次性设置。在更改上次的设置前，务必执行以下操作：对变频器进行恢复出厂设置（P0010 = 30，P0970 = 1）；重新进行快速调试操作并更改连接宏和应用宏。

表 3-6  电机数据参数设置

| 序 号 | 参 数 | 功 能 |
|---|---|---|
| 1 | P0100 | 50 /60Hz 频率选择<br>=0：欧洲（kW），50Hz（工厂默认值）<br>=1：北美（hp），60 Hz<br>=2：北美（kW），60 Hz |
| 2 | P0304 | 电机额定电压（V）<br>请注意输入的铭牌数据必须与电机接线（星形/三角形）一致 |
| 3 | P0305 | 电机额定电流（A）<br>请注意输入的铭牌数据必须与电机接线（星形/三角形）一致 |
| 4 | P0307 | 电机额定功率（单位为 kW / hp）<br>若 P0100=0 或 2，则电机功率单位为 kW<br>若 P0100=1，则电机功率单位为 hp |
| 5 | P0308 | 电机额定功率因数（cosp）<br>仅当 P0100=0 或 2 时可见 |
| 6 | P0309 | 电机额定效率（%）<br>仅当 P0100=1 时可见<br>此参数设为 0 时，内部计算其值 |
| 7 | P0310 | 电机额定频率（Hz）<br>一般设为 50Hz |
| 8 | P0311 | 电机额定转速（RPM）<br>应与电机铭牌相对应 |

表 3-7  连接宏设置

| 序 号 | 连 接 宏 | 描 述 |
|---|---|---|
| 1 | Cn000 | 出厂默认设置，不更改任何参数设置 |
| 2 | Cn001 | BOP 为唯一控制源 |
| 3 | Cn002 | 通过端子控制（PNP/NPN） |
| 4 | Cn003 | 固定转速 |
| 5 | Cn004 | 二进制模式下的固定转速 |
| 6 | Cn005 | 模拟量输入及固定频率 |
| 7 | Cn006 | 外部按钮控制 |
| 8 | Cn007 | 外部按钮与模拟量设定值组合 |
| 9 | Cn008 | PID 控制与模拟量输入参考组合 |
| 10 | Cn009 | PID 控制与固定值参考组合 |
| 11 | Cn010 | USS 控制 |
| 12 | Cn011 | MODBUS RTU 控制 |

表 3-8　应用宏设置

| 序　号 | 应用宏 | 描　述 |
| --- | --- | --- |
| 1 | AP000 | 出厂默认设置，不更改任何参数设置 |
| 2 | AP010 | 普通水泵应用 |
| 3 | AP020 | 普通风机应用 |
| 4 | AP021 | 空气压缩机应用 |
| 5 | AP030 | 传送带应用 |

表 3-9　常用参数设置

| 序　号 | 参　数 | 含　义 |
| --- | --- | --- |
| 1 | P1080 | 最小电机频率 |
| 2 | P1082 | 最大电机频率 |
| 3 | P1120 | 斜坡上升时间 |
| 4 | P1121 | 斜坡下降时间 |
| 5 | P1058 | 正向点动频率 |
| 6 | P1060 | 点动斜坡上升时间 |
| 7 | P1061 | 点动斜坡下降时间 |

（8）用户访问级别（P0003）。

变频器参数访问级别如表 3-10 所示。

表 3-10　变频器参数访问级别

| 访问级别 | 描　述 | 备　注 |
| --- | --- | --- |
| 0 | 用户自定义参数列表 | 定义最终用户有权访问的参数。更多详情参见 P0013 |
| 1 | 标准 | 允许访问常用参数 |
| 2 | 扩展 | 允许扩展访问更多参数 |
| 3 | 专家 | 仅供专家使用 |
| 4 | 维修 | 仅供经授权的维修人员使用，有密码保护 |

◆ **任务实施** ◆

## 任务 3.1　主件供料单元的电气控制系统设计

主件供料单元的电气控制系统设计主要包括主件供料单元的气动原理图设计、PLC 的 I/O 分配、电气原理图设计、关键元器件选型等内容。

### 3.1.1　气动原理图设计

根据主件供料单元的动作要求，设计如图 3-13 所示的气动原理图，气动系统主要由气源、进气开关、分水滤气器、减压阀、电磁换向阀、单向节流阀、气爪和升降气缸等组成。减压阀用于控制减压阀出口压力并保持恒定值，单向节流阀用于调节气爪和升降气缸的运动速度。气爪的夹紧和松开由两个电磁铁驱动的电磁换向阀控制，当一个电磁铁得电时，气爪松开；当另一个电磁铁得电时，气爪夹紧。为了防止电磁铁损坏，两个电磁铁不得同时得电。升降气缸由一个电磁铁驱动的电磁换向阀控制，当电磁铁不得电时，气缸缩回；当电磁铁得电时，气缸伸出。

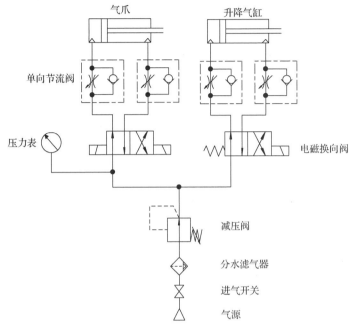

图 3-13　主件供料单元的气动原理图

为了检测气爪和升降气缸的极限位置，在气爪和升降气缸上安装了对应的磁性开关。

## 3.1.2　PLC 的 I/O 分配

根据主件供料单元装置侧的 I/O 分配和工作任务要求，确定 PLC 的 I/O 分配表，如表 3-11 所示。

表 3-11　主件供料单元 PLC 的 I/O 分配表

| 输　入 | | | 输　出 | | |
| --- | --- | --- | --- | --- | --- |
| 序　号 | PLC 输入 | 信 号 名 称 | 序　号 | PLC 输出 | 信 号 名 称 |
| 1 | I0.0 | 联调/单站切换开关 | 1 | Q0.0 | 自动运行指示 |
| 2 | I0.1 | 自动运行按钮 | 2 | Q0.1 | 保留没用 |
| 3 | I0.2 | 单步运行按钮 | 3 | Q0.2 | 保留没用 |
| 4 | I0.3 | 急停按钮 | 4 | Q0.3 | 升降气缸 |
| 5 | I0.4 | 搬运初始位检测传感器 | 5 | Q0.4 | 气爪松开线圈 |
| 6 | I0.5 | 搬运右侧位检测传感器 | 6 | Q0.5 | 气爪闭合线圈 |
| 7 | I0.6 | 上料点物料检测传感器 | 7 | Q0.6 | 搬运电机使能 |
| 8 | I0.7 | 升降气缸抬起检测传感器 | 8 | Q0.7 | 搬运电机方向 |
| 9 | I1.0 | 升降气缸落下检测传感器 | | | |

续表

| 输　入 | | | 输　出 | | |
| --- | --- | --- | --- | --- | --- |
| 序　号 | PLC 输入 | 信 号 名 称 | 序　号 | PLC 输出 | 信 号 名 称 |
| 10 | I1.1 | 气爪松开检测传感器 | | | |
| 11 | I1.2 | 气爪夹紧检测传感器 | | | |

### 3.1.3　电气原理图设计

根据主件供料单元的控制要求，设计主件供料单元的电气原理图，如图 3-14 所示。

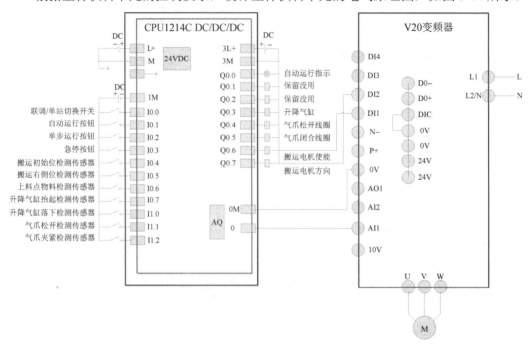

图 3-14　主件供料单元的电气原理图

PLC 的 L+和 M 端子分别接 24V 电源的正极和负极，1M 与 PLC 的输入口形成一个回路，3L+提供 PLC 输出的电源，3M 与 PLC 的输出口形成一个回路，AQ 模块是 PLC 模拟量输出模块，用于变频器的速度控制，AQ 模块上的 0M 和 0 分别接变频器的 0V 和 AI1 端。

变频器 L1 和 L2/N 接电源，U、V、W 连接电机的 U、V、W 端，短接 DIC 和 0V 实现 PNP 型控制，DI1 和 DI2 分别接 PLC Q0.6（搬运电机使能）和 Q0.7（搬运电机方向）。

### 3.1.4　关键元器件选型

结合设计的气动原理图和电气原理图，对关键元器件进行选型，得到如表 3-12 所示的关键元器件清单。

表 3-12　关键元器件清单

| 序 号 | 元器件名称 | 型　号 | 数 量 | 生产厂家 | 备　注 |
|---|---|---|---|---|---|
| 1 | PLC | S7-1200 系列中的 1214C DC/DC/DC | 1 | 西门子 | |
| 2 | 变频器 | SINAMICS V20 变频器 FSAA 组件 | 1 | 西门子 | |
| 3 | 电机 | 21K6GN-S | 1 | ZD | |
| 4 | 升降气缸 | TR10X50S | 1 | AIRTAC | |
| 5 | 气爪 | HFY20 | 1 | AIRTAC | |
| 6 | 减压阀 | GFR200-08 | 1 | AIRTAC | |
| 7 | 分水滤气器 | GL200-08 | 1 | AIRTAC | |
| 8 | 电磁换向阀（单线圈） | 4V110-M5 | 1 | AIRTAC | |
| 9 | 电磁换向阀（双线圈） | 4V120-M5 | 1 | AIRTAC | |
| 10 | 节流阀 | GRLA -QS3-D | 2 | AIRTAC | 分别控制气爪和升降气缸运动速度 |
| 11 | 色标检测传感器 | LX-111-P | 1 | PANASONIC | |
| 12 | 电感式传感器 | LE18SF05DPO | 2 | LANBAO | 同步带输送组件左右限位检测 |
| 13 | 磁性开关 | F-SC32 | 4 | AIRTAC | 在气爪和升降气缸上分别安装两个 |
| 14 | 减速器 | 2GN | 1 | ZD | 与电机配套使用 |

# 任务 3.2　主件供料单元的机械零部件及电气元器件安装与调试

该任务主要介绍主件供料单元的安装流程、机械零部件安装步骤和安装注意事项，在实际安装过程中应做好安装记录。

## 3.2.1　安装流程

主件供料单元的机械零部件及电气元器件的安装流程如图 3-15 所示。安装前，应对所需工具和零部件进行清点，为后续安装做好准备。同时，检查外购件合格证是否齐全并保证合格。首先进行基础平台安装，基础平台安装完成后，为了保证整个工作单元的水平，应对基础平台进行水平检验。其次，按照安装流程分别安装滑道上料组件和同步带输送组件，在安装过程中，可以结合实际对个别零部件的安装顺序进行调整。机械零部件安装完成后，在规定位置安装电气元器件并固定。最后进行机械零部件及电气元器件安装后的初步调试和检验。

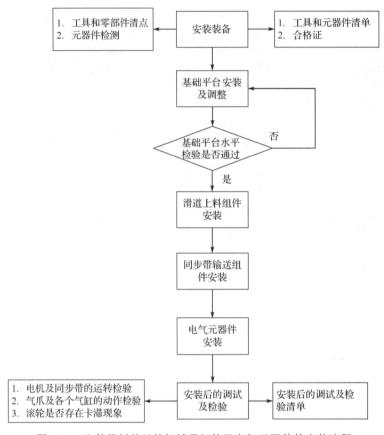

图 3-15 主件供料单元的机械零部件及电气元器件的安装流程

## 3.2.2 机械零部件安装步骤

机械零部件安装步骤如表 3-13 所示，可供实物安装做参考。

表 3-13 机械零部件安装步骤

| 步 骤 | 内 容 | 示 意 图 | 备 注 |
|---|---|---|---|
| 1 | 基础平台安装及调整 | | 应保证基础平台保持水平状态 |
| 2 | 滑道上料组件安装 | | |

续表

| 步　骤 | 内　容 | 示　意　图 | 备　注 |
|---|---|---|---|
| 3 | 同步带输送组件安装 | 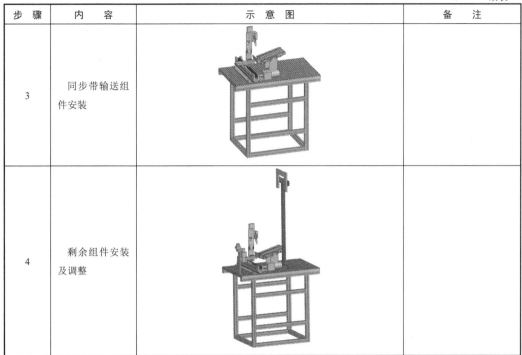 | |
| 4 | 剩余组件安装及调整 | | |

### 3.2.3　安装注意事项

（1）安装前做好位置规划和其他准备工作、安装时注意规范和安全、安装完成后做好清点和记录。

（2）为保证有效地进行装配工作，通常将设备划分为若干能进行独立装配的装配单元。对于比较复杂的设备，其装配工艺常分为部装和总装两个过程。将设备划分成若干部装是保证缩短装配周期的基本措施，这样可以在装配工艺上组织平行装配作业，扩大装配工作面，便于协作生产。同时，各部装能预先调整试验，各部分以比较完善的状态送去总装，有利于保证质量。

（3）安装螺钉时，先不要着急拧紧，以便对安装位置进行调整。在拧紧螺钉时应注意拧紧力矩，要成组按照对角线安装，防止产生倾覆力矩，导致零部件变形。

（4）在安装过程中，注意不要造成机械干涉，以免造成返工而浪费时间。

（5）对特殊元器件（如变频器）的安装一般有单独的要求，因此安装前应仔细查阅消化说明书和相关技术文件，SINAMICS V20 变频器的安装务必符合本项目知识准备中提及的要求。

（6）为了保证机械结构安装的可靠性，螺钉连接需要一定的拧紧力矩，但是拧紧力矩又不能太大，否则可能导致螺杆断裂，所以在机械结构的安装过程中，需要对螺钉的拧紧力矩进行控制。普通机械拧紧力矩如表 3-14 所示。对于后续单元机械结构的安装，螺钉的拧紧力矩也是如此。

表3-14  普通机械拧紧力矩

| 螺纹规格 | 8.8级镀锌钢螺钉（N·m） | A2-70级不锈钢螺钉（N·m） |
|---|---|---|
| M3 | 1.7 | 1.41 |
| M4 | 3.78 | 3.07 |
| M5 | 7.32 | 5.89 |
| M6 | 12.7 | 10.11 |
| M8 | 30.39 | 23.41 |
| M10 | 60.52 | 46.68 |
| M12 | 104.14 | 81 |
| M14 | 165.32 | 127.02 |
| M16 | 257.36 | 196.18 |

### 3.2.4  相应表格及记录

为了防止漏项、规范安装过程及保证产品质量，在生产现场一般都会使用相应的表格做好记录，主件供料单元安装涉及的表格及记录如表3-15和表3-16所示。

表3-15  零部件确认表

| 序号 | 零部件及工具名称 | 数量 | 是否合格 | 是否齐备 | 备注 |
|---|---|---|---|---|---|
| 1 | 电机 | 1 | 是 | 是 | 零件 |
| 2 | 支撑件 | 1 | 是 | 是 | 零件 |
| 3 | 同步带 | 1 | 是 | 是 | 零件 |
| …… | …… | …… | …… | …… | …… |

表3-16  安装后的验收清单

| 序号 | 验收项目 | 是否合格 | 验收人 |
|---|---|---|---|
| 1 | 电机能够正常运转 | | |
| 2 | 同步带能够正常运转 | | |
| 3 | 升降气缸能够正常动作 | | |
| 4 | 气爪能够正常动作 | | |
| 5 | 滚轮是否存在卡滞现象 | | |
| 6 | 所有螺钉的拧紧力矩是否满足要求 | | |

## 任务3.3  主件供料单元的电气接线及编程调试

该任务主要包括主件供料单元的气路连接、初步手动调试、电气接线及校核、编程与调试等内容。

### 3.3.1  气路连接及初步手动调试

在后续电气联调前，应进行气路连接，气路连接完成后应通过手动调试的方式保证气动系统符合气动原理图的要求和动作要求。气路连接步骤如表3-17所示。

表 3-17  气路连接步骤

| 步　骤 | 内　　容 | 示　意　图 | 备　　注 |
|---|---|---|---|
| 1 | 关闭气源 |  | |
| 2 | 仔细阅读气动原理图并按照气动原理图进行气路连接 |  | 务必按照气动原理图进行 |
| 3 | 打开气源 |  | 打开气源后，通过声音判别有无漏气现象 |
| 4 | 通过减压阀旋钮调节减压阀出口压力 |  | 减压阀出口压力应符合要求 |
| 5 | 手动调试，观察气爪和升降气缸有无动作 |  | 按下图中电磁换向阀的红色按钮可以控制气路连接状态，进而控制气爪和升降气缸的动作 |
| 6 | 调试完成后，再次关闭气源，同时将气动管路用扎带扎紧，保证现场美观 |  | |

### 3.3.2　电气接线及校核

电气接线主要包括主电路的接线和控制电路的接线。接线前，务必断电，防止发生触电事故。

为了方便接线和排查故障，设置了接线端子排，如图 3-16 所示。端子排将 PLC 控制电路分成了主件供料单元装置侧和 PLC 侧两部分，接线时，两侧应一一对应。

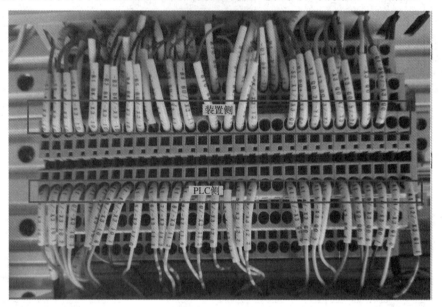

图 3-16　接线端子排

此外，在接线过程中还应该注意以下规范。

（1）导线进入走线槽时，每个进线口的导线不得超过 6 根，分布合理、整齐，单根导线直接进入走线槽且不交叉。

（2）每根导线对应一位接线端子，且用线鼻子压牢。

（3）在端子进线部分，每根导线必须都套用号码管，每个号码管必须都进行正确编号。

（4）扎带捆扎间距为 50～80mm，且同一条线路上的捆扎间距应相同。

（5）扎带切割不能余留太长，必须小于 1mm 且不能割手。

（6）接线端子金属裸露长度不超过 2mm。

（7）非同一个活动机构的气路、电路不能捆扎在一起。

控制电路接线完成后，应对接线加以校核，为下一步的程序调试做好准备。校核 PLC 控制电路接线的常见方法有 3 种：使用万用表校核、借助 PLC 信号指示灯校核及借助状态表监控功能进行校核。

使用万用表校核：断开电源和气源，用万用表校核主件供料单元 PLC 的 I/O 端子和 PLC 侧接线端口的连接关系，用万用表逐点测试各按钮、开关等与 PLC 输入端子的连接关系，各信号指示灯等输出与 PLC 输出端子的连接关系。

借助 PLC 信号指示灯校核：借助 PLC 信号指示灯（见图 3-17），可以校核输入端子是否连接正确。

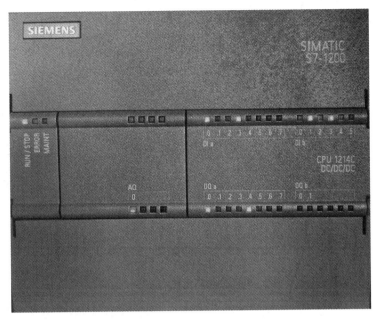

图 3-17　PLC 信号指示灯

借助状态表监控功能进行校核：在设备组态和通信正常的情况下，可以借助状态表监控功能对输入端子的接线进行校核，如图 3-18 所示。

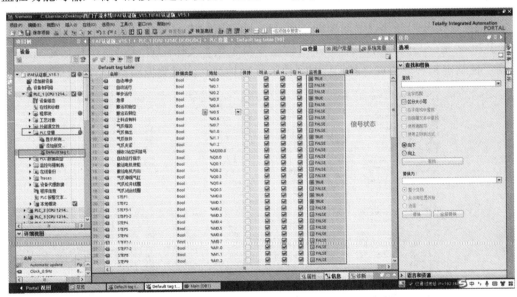

图 3-18　PLC 变量状态监控

### 3.3.3　编程与调试

1）编程思路

编程与调试是一个复杂的、不断反复的过程，在编程与调试过程中一定要多思考并善于养成良好的编程习惯。每个人的编程思路和方法可能都不太一样，这里介绍一种典型的编程方法。

西门子 PLC 的模块化功能使得程序编制结构十分清楚。主件供料单元的程序结构如图 3-19 所示，在主程序 Main 中调用 3 个 FC 函数块。

图 3-19　主件供料单元的程序结构

主程序 Main 主要完成变频器的频率转换。"按钮"函数块主要完成系统启动、停止、复位，以及联调/单站运行的转换。"步骤"函数块主要完成供料站的动作流程。"联调"函数块主要完成各个 PLC 之间的通信。

2）变频器控制

根据 I/O 分配表和电气原理图，在 TIA 博途软件中定义好 PLC 输入/输出变量，如图 3-20 所示，与变频器相关的 PLC 输出变量主要有 Q0.6（用于控制电机启动）、Q0.7（用于控制电机转动方向）和 QW80（用于控制转速，注意数据类型是 Word 类型）。

| | | 名称 | 数据类型 | 地址 ▲ | 保持 | 从 H... | 从 H... | 在 H... | |
|---|---|---|---|---|---|---|---|---|---|
| 1 | | 自动/单步 | Bool | %I0.0 | ▼ | ☑ | ☑ | ☑ | |
| 2 | | 自动运行 | Bool | %I0.1 | | ☑ | ☑ | ☑ | |
| 3 | | 单步运行 | Bool | %I0.2 | | ☑ | ☑ | ☑ | |
| 4 | | 急停 | Bool | %I0.3 | | ☑ | ☑ | ☑ | |
| 5 | | 搬运初始位 | Bool | %I0.4 | | ☑ | ☑ | ☑ | |
| 6 | | 搬运右侧位 | Bool | %I0.5 | | ☑ | ☑ | ☑ | |
| 7 | | 上料点有料 | Bool | %I0.6 | | ☑ | ☑ | ☑ | |
| 8 | | 气爪缩回 | Bool | %I0.7 | | ☑ | ☑ | ☑ | |
| 9 | | 气爪伸出 | Bool | %I1.0 | | ☑ | ☑ | ☑ | |
| 10 | | 气爪张开 | Bool | %I1.1 | | ☑ | ☑ | ☑ | |
| 11 | | 气爪夹紧 | Bool | %I1.2 | | ☑ | ☑ | ☑ | |
| 12 | | 色标检测白色 | Bool | %I1.3 | | ☑ | ☑ | ☑ | |
| 13 | | 自动运行指示 | Bool | %Q0.0 | | ☑ | ☑ | ☑ | |
| 14 | | 搬运电机使能 | Bool | %Q0.1 | | ☑ | ☑ | ☑ | |
| 15 | | 搬运电机方向 | Bool | %Q0.2 | | ☑ | ☑ | ☑ | |
| 16 | | 气爪伸缩气缸 | Bool | %Q0.3 | | ☑ | ☑ | ☑ | |
| 17 | | 气爪松开线圈 | Bool | %Q0.4 | | ☑ | ☑ | ☑ | |
| 18 | | 气爪闭合线圈 | Bool | %Q0.5 | | ☑ | ☑ | ☑ | |
| 19 | | 电机启动 | Bool | %Q0.6 | | ☑ | ☑ | ☑ | |
| 20 | | 电机反转 | Bool | %Q0.7 | | ☑ | ☑ | ☑ | |
| 21 | | V20_r/min | Word | %QW80 | | ☑ | ☑ | ☑ | |
| 22 | | <新增> | | | | ☑ | ☑ | ☑ | |

图 3-20　PLC 输入/输出变量

根据编程思路，在主程序 Main 中完成变频器的频率转换，因此主程序 Main 中编写了相应的数模转换程序。变频器控制涉及的数模转换程序如图 3-21 所示。

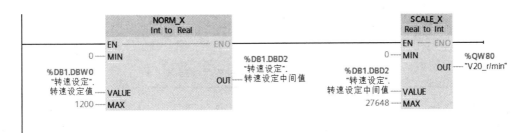

图 3-21　变频器控制涉及的数模转换程序

3）主件供料单元的步进顺序控制

为了清楚地表示主件供料单元的工作流程，需要根据动作顺序画出如图 3-22 所示的主件供料单元顺序功能图。

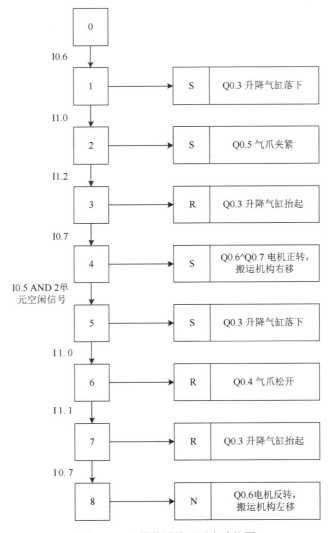

图 3-22　主件供料单元顺序功能图

根据图 3-22 所示的主件供料单元顺序功能图编写部分关键程序，如表 3-18 所示。

图 3-22 中的"第 0 步"对应表 3-18 中的"初始化"，表 3-18 中的部分步骤属于中间步骤，未在图 3-22 中体现，后同。

表 3-18　主件供料单元动作关键程序

| 步骤 | 说　明 | 程　序 |
|---|---|---|
| 初始化 | 在初始化状态下，气爪线圈松开，升降气缸缩回，电机回到初始位置，中间变量复位，置位 M5.0 形成自锁，在满足搬运初始位、升降上限位、气爪松开后置位"第一步" | 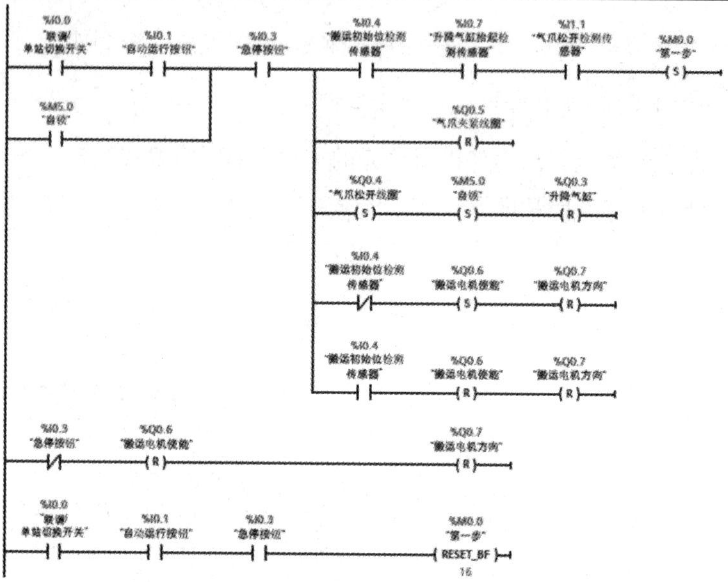 |
| 第一步 | 在初始化完成后，复位自锁，当上料点有物料时，升降气缸落下，复位"第八步"，当升降气缸到达下限位置时置位"第二步" | 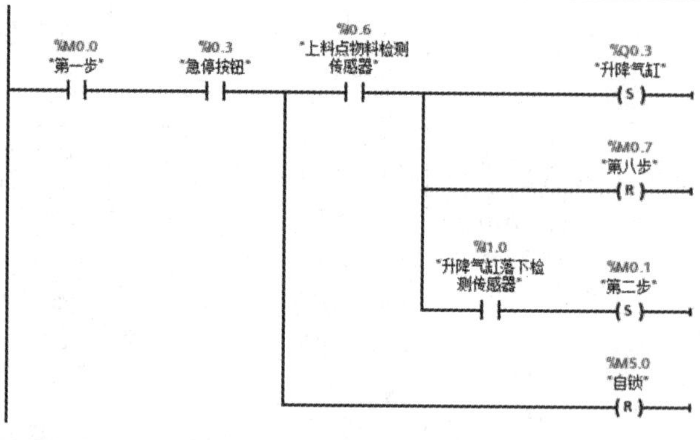 |
| 第二步 | 在"第一步"完成后，复位"第一步"，同时气爪夹紧，当气爪夹紧后置位"第三步" | 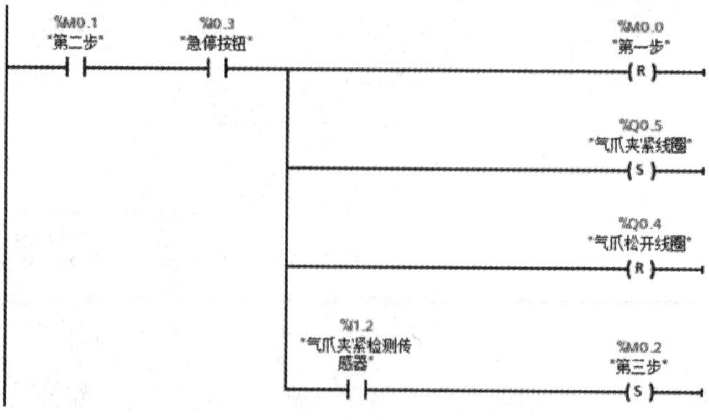 |

| 步骤 | 说明 | 程序 |
|---|---|---|
| 第三步 | 在"第二步"完成后,复位"第二步",升降气缸抬起,到达上限位时置位"第四步" | %M0.2 "第三步" —┤├— %I0.3 "急停按钮" —┤├— %M0.1 "第二步" —(R)—<br>%Q0.3 "升降气缸I" —(R)—<br>%I0.7 "升降气缸I抬起检测传感器" —┤├— %M0.3 "第四步" —(S)— |
| 第四步 | 在"第三步"完成后,电机带动传送带向右移动,同时将"第三步"复位。运动到右限位时置位"第五步" | %M0.3 "第四步" —┤├— %I0.3 "急停按钮" —┤├— %M0.2 "第三步" —(R)—<br>%Q0.6 "搬运电机使能" —(S)—<br>%Q0.7 "搬运电机方向" —(R)—<br>%I0.5 "搬运右侧位检测传感器" —┤├— %M0.4 "第五步" —(S)— |
| 第五步 | 在"第四步"完成后,复位"第四步",电机停止,升降气缸落下,当升降气缸到达下限位时置位"第六步" | %M0.4 "第五步" —┤├— %I0.3 "急停按钮" —┤├— %M0.3 "第四步" —(R)—<br>%Q0.6 "搬运电机使能" —(R)—<br>%Q0.7 "搬运电机方向" —(R)—<br>%Q0.3 "升降气缸I" —(S)—<br>%I1.0 "升降气缸I落下检测传感器" —┤├— %M0.5 "第六步" —(S)— |
| 第六步 | 在"第五步"完成后,气爪松开,复位"第五步",当气爪松开时置位"第七步" | %M0.5 "第六步" —┤├— %I0.3 "急停按钮" —┤├— %Q0.4 "气爪松开线圈" —(S)—<br>%Q0.5 "气爪夹紧线圈" —(R)—<br>%M0.4 "第五步" —(R)—<br>%I1.1 "气爪松开检测传感器" —┤├— %M0.6 "第七步" —(S)— |

67

续表

| 步骤 | 说　明 | 程　序 |
|---|---|---|
| 第七步 | 在"第六步"完成后，将"第六步"复位，升降气缸抬起，当升降气缸到达上限位时置位"第八步" | %M0.6 "第七步" —\| \|— %Q0.3 "急停按钮" —\| \|—　%M0.5 "第六步" —( R )—<br>%Q0.3 "升降气缸" —( R )—<br>%Q0.7 "升降气缸抬起检测传感器" —\| \|—　%M0.7 "第八步" —( S )— |
| 第八步 | 在"第七步"完成后，复位"第七步"，电机运动到搬运初始位，到达搬运初始位后电机停止，置位"第一步" | %M0.7 "第八步" —\| \|— %Q0.3 "急停按钮" —\| \|— %Q0.4 "搬运初始位检测传感器" —\|/\|—　%Q0.6 "搬运电机使能" —( S )—<br>%Q0.7 "搬运电机方向" —( R )—<br>%Q0.4 "搬运初始位检测传感器" —\| \|—　%M0.0 "第一步" —( S )—<br>%Q0.6 "搬运电机使能" —( R )—<br>%Q0.7 "搬运电机方向" —( R )— |

4）下载调试

完成程序编写后，将程序下载至 PLC，观察主件供料单元的实际运行情况，并根据实际运行情况不断修改调试。在调试过程中，需要综合调整机械、气动、电气和程序等内容，不断反复，直至满足要求为止。

如果在调试过程中遇到问题，那么请尝试从以下方面进行检查。

（1）检查气动部分，检查气路是否正确、气压是否合理、气缸的动作速度是否合理。

（2）检查磁性开关的安装位置是否合适，磁性开关工作是否正常。

（3）检查 I/O 接线是否正确。

（4）检查传感器的安装是否合理、距离设定是否合适，保证检测的可靠性。

（5）调试各种可能出现的情况，例如，在上料点供料不足的情况下，系统能否可靠工作、能否满足控制要求。

（6）优化程序。

## 项目测评

请以小组为单位完成主件供料单元的安装与调试，完成后将小组成员按照贡献大小进行排序，由指导老师结合表 3-19 所示的项目测评表和小组成员贡献大小对小组成员进行评分。

表 3-19　项目测评表

| 测评项目 | | 详细要求 | 配分 | 得分 | 评判性质 |
|---|---|---|---|---|---|
| 职业素质 | 安全操作 | 出现带电插拔编程线、信号线、电源线、通信线等行为，每次扣 2 分 | 2 | | 主观 |
| | 设备、工具仪器操作规范 | 出现过度用力或用不合适的工具敲打、撞击设备等行为，每处扣 1 分 | 2 | | 主观 |
| | 6S 管理 | （1）在工作过程中，将剥落的导线皮、线头、纸屑等放置于设备台面上，每处扣 0.5 分。<br>（2）任务完成后，将工具、不用的导线及其他耗材物品放于工作台，地面不整洁，桌凳等未按规定位置放好，每处扣 0.5 分。<br>以上内容扣完为止 | 2 | | |
| | 穿戴规范 | 穿着工作服、绝缘工作鞋及必需的人身防护用品，不符合规定的每处扣 0.5 分，扣完为止 | 2 | | |
| | 工作纪律、文明礼貌 | 团队有分工有合作，遵守工作纪律，尊重教师和工作人员，文明礼貌等。违反规定的每处扣 0.5 分，扣完为止 | 2 | | 主观 |
| | 知识产权 | 出现抄袭情况，全部成绩同时记 0 分 | | | |
| 机械、电气安装与调试 | 机械安装 | （1）机械结构安装不到位，每处扣 0.5 分。<br>（2）拧紧力矩不符合要求，每处扣 0.5 分。<br>（3）漏装、错装等，每处扣 0.5 分。<br>以上内容扣完为止 | 20 | | |
| | 电气安装 | （1）接线错误，每处扣 0.5 分。<br>（2）导线进入走线槽时，每个进线口的导线不得超过 6 根，分布合理、整齐，单根导线直接进入走线槽且不交叉，否则每处扣 0.1 分。<br>（3）每根导线对应一位接线端子，且用线鼻子压牢，否则每处扣 0.1 分。<br>（4）在端子进线部分，每根导线必须都套用号码管，每个号码管必须都进行正确编号，否则每处扣 0.1 分。<br>（5）扎带捆扎间距为 50～80mm，且同一条线路上的捆扎间距应相同，否则每处扣 0.1 分。<br>（6）扎带切割不能余留太长，必须小于 1mm 且不能割手，否则每处扣 0.1 分。<br>（7）接线端子金属裸露长度不超过 2mm，否则每处扣 0.1 分。<br>以上内容扣完为止 | 20 | | |
| | 气动系统连接 | （1）气路连接错误，每处扣 0.5 分。<br>（2）发生漏气现象，每处扣 0.2 分。<br>（3）调试时压力不足，每处扣 0.2 分。<br>以上内容扣完为止 | 10 | | |

续表

| 测评项目 | | 详细要求 | 配分 | 得分 | 评判性质 |
|---|---|---|---|---|---|
| 编程调试及优化 | 编程调试 | 根据动作未完成情况进行扣分 | 30 | | |
| | 程序优化 | 程序逻辑结构应合理、清晰，便于理解和阅读，视情况扣分 | 10 | | 主观 |

## 思考练习及知识拓展

（1）在调试过程中，遇到的问题有哪些？可能的原因有哪些？如何解决？

（2）国内外变频器的品牌和型号较多，SINAMICS V20 变频器只是其中一种，请检索常见的变频器型号还有哪些？各种变频器的接线、参数设置、编程调试方法有什么不同？

（3）请在自动运行程序的基础上编写单步运行程序并进行调试。

## 思政元素及职业素养元素

（1）工匠精神。

在安装与调试过程中，务必养成认真负责的工作态度、一丝不苟的工作作风和敬业、精益、专注的工匠精神；爱护每一台实训实验设备，严格按照流程图规定的顺序进行拆装；现场做到 6S 管理，按规定次序摆放各类零部件、工具和量具；课后及时清理工作场地。

（2）安全生产。

在安装与调试过程中，务必注意安全生产，坚决禁止带电拆装设备，杜绝一切安全事故的发生；离开现场前，必须关闭窗户和电源。

（3）团队合作。

安装与调试内容较多，相对比较复杂，建议组建实践团队，团队成员既有分工又有合作，共同完成该任务。

（4）专业技术文献检索。

自动化生产线设计的机械零部件和电气元器件较多，要善于结合铭牌检索其相关资料，如样本、产品说明书等，在此基础上进行自主学习并掌握其工作原理和基本使用方法。

# 项目 4　次品分拣单元的安装与调试

## 项目描述

按照次品分拣单元的要求，在规定时间内完成机械零部件及电气元器件的安装、气路连接、电气系统接线、PLC程序设计和调试等内容。

## 知识技能及素养目标

（1）熟悉次品分拣单元的基本功能。

（2）熟悉机械零部件及电气元器件，并能完成其安装与调试。

（3）能根据气动原理图完成气路连接。

（4）能根据电气原理图完成电气系统的硬件连接和调试。

（5）能结合次品分拣单元的控制要求完成PLC编程和调试。

（6）能对次品分拣单元的常见故障及时进行排除。

（7）培养勤思考、多动手的习惯。

（8）培养认真负责的工作态度、一丝不苟的工作作风和敬业、精益、专注的工匠精神。

◆ 知识准备 ◆

### 1. 次品分拣单元认知

次品分拣单元是自动化生产线系统的第二个工作单元，主要用于剔除不合格物料（次品），并将合格物料转运至下一个工作单元。

1）次品分拣单元的结构组成

次品分拣单元的基本结构如图4-1所示。次品分拣单元主要由基础平台（图中未标明）、同步带输送组件、高度检测组件、推料组件和电气元器件等组成。

（1）基础平台。

基础平台的作用主要是为其他元器件提供安装接口及支撑，在安装过程中应尽可能保持水平状态。基础平台上预制了铝制T形槽，方便其他元器件的安装。

（2）同步带输送组件。

同步带输送组件主要由搬运电机、承载料平台、排料气缸、排料气缸缩回检测传感器、排料气缸伸出检测传感器、上料点物料检测传感器、连接件及固定螺钉等组成。同步带输送组件主要用于输送物料并根据高度检测结果将不合格物料剔除。

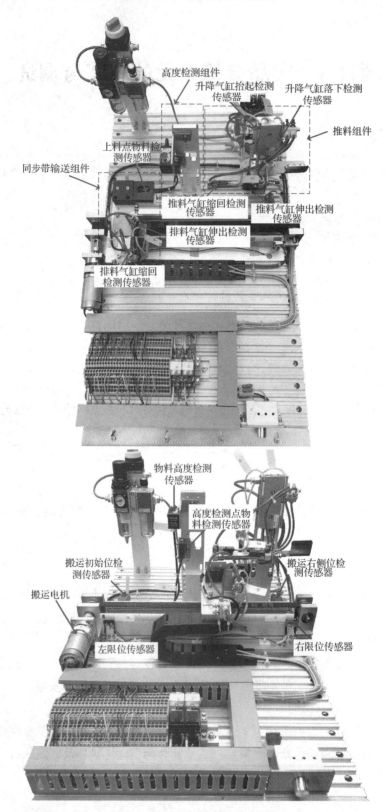

图 4-1　次品分拣单元的基本结构

（3）高度检测组件。

高度检测组件主要由物料高度检测传感器、高度检测点物料检测传感器、连接件及固定螺钉等组成，高度检测组件主要用于检测物料高度，并将检测结果反馈给 PLC。

（4）推料组件。

推料组件主要由升降气缸、推料气缸、推料气缸伸出检测传感器、推料气缸缩回检测传感器、升降气缸抬起检测传感器、升降气缸落下检测传感器、连接件及固定螺钉等组成。推料组件主要用于将合格物料推送到下一个工作单元。

（5）电气元器件。

次品分拣单元涉及的主要电气元器件有 PLC、断路器、电机、调速开关、接线端子排和传感器等，以上元器件可以结合接线和编程用于实现对次品分拣单元的综合控制。

2）次品分拣单元的控制要求及动作流程

次品分拣单元的控制要求及动作流程如图 4-2 所示。

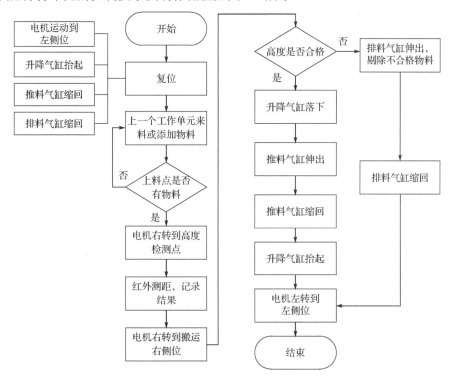

图 4-2  次品分拣单元控制要求及动作流程

本单元前端的承载料平台下方的上料点物料检测传感器检测到物料后，搬运电机开始正转，同步带输送组件从搬运初始位向搬运右侧位移动，当高度检测点物料检测传感器检测到物料后，搬运电机停止，高度检测组件中的物料高度检测传感器对物料高度进行检测，并记录结果。搬运电机继续正转，物料继续向搬运右侧位移动，到达搬运右侧位时，搬运电机停止转动。此时，根据物料的高度检测结果做出不同操作：如果检测到的是不合格物料，那么排料气缸伸出，将物料排出；如果检测到的是合格物料，那么在接收到下一个工作单元的空闲信号后，升降气缸带动推料气缸下行，推料气缸动作，完成推料，推料完成后，升降气缸带动推料气缸上行。此时，搬运电机开始反转，同步带输送组件回到搬运初始位。

### 2. 激光位移传感器认知及使用

激光位移传感器是利用激光技术进行测量的传感器。它由激光发射器、激光检测器和测量电路组成。激光位移传感器是一种新型测量仪器，能够精确、非接触地测量被测物体的位置、位移等变化，主要应用于检测物体的位移、厚度、振动、距离、直径等几何量。按照测量原理的不同分类，激光位移传感器的测量方法可分为激光三角测量法和激光回波分析法。激光三角测量法一般适用于高精度、近距离的测量，而激光回波分析法则用于远距离测量。

在次品分拣单元中，需要精确测量物料高度，以判别物料是否合格，这里选用了 HG-C1050 型 CMOS 微型激光位移传感器（以下简称 HG-C1050），该激光位移传感器的按钮及显示如图 4-3 所示，其工作原理如图 4-4 所示。激光发射器通过镜头将红色激光射向被测物体表面，经物体表面反射的激光通过激光检测器镜头被内部的 CCD 线性相机接收，根据不同的距离，CCD 线性相机可以在不同的角度下看见这个光点。根据这个角度及已知的激光和相机之间的距离，数字信号处理器可以计算出激光位移传感器和被测物体之间的距离。

图 4-3　HG-C1050 型 CMOS 微型激光位移传感器的按钮及显示

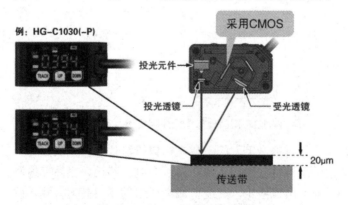

图 4-4　HG-C1050 的工作原理

HG-C1050 的测量中心距离为 50mm，测量范围为 ±15mm（50±15 = 35 ~ 65mm），光束直径约为 70μm，重复精度为 30μm。

该激光位移传感器的基本操作如下。

1）安装

HG-C1050 的安装尺寸及安装示意图如图 4-5 所示，请使用 M3 的螺钉，并将拧紧力矩设为 0.5N·m。

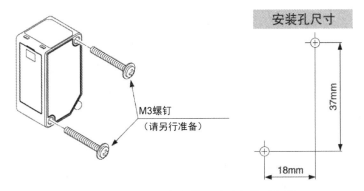

图 4-5　HG-C1050 的安装尺寸及安装示意图

当用于检测移动物体时，该激光位移传感器的安装方向取决于物料的移动方向，如图 4-6 和图 4-7 所示。

图 4-6　检测直线运动物体情况下的安装　　　图 4-7　检测旋转运动物体情况下的安装

2）接线

HG-C1050 有 NPN 型和 PNP 型，二者的接线图如图 4-8 所示，在电气接线时请务必按照接线图接线。激光位移传感器用 12～24V 直流电源供电，提供外部输入控制信号（粉色线）、控制输出信号（黑色线），以及模拟输出信号（灰色线），自动化生产线采用的是模拟信号输出，激光位移传感器的模拟输出电压信号是 0～5V。

● NPN输出型

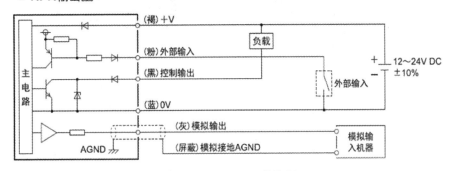

图 4-8　HG-C1050 接线图

• PNP输出型

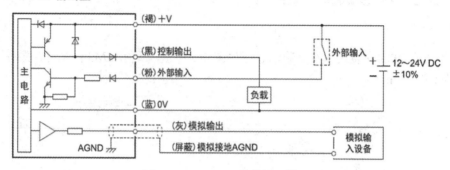

图 4-8　HG-C1050 接线图（续）

3）参数设置

（1）教导。

该激光位移传感器的教导方法有 3 种，如图 4-9 所示，可以根据需要进行选择。在存在检测物体时，按下 TEACH 键，即可轻松设定基准值。另外，1 个输出即可做出"在 2 个基准值范围内为 OK，范围外为 NG"的判定。

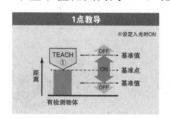
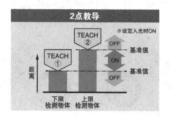
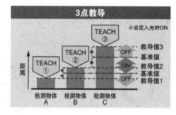

图 4-9　教导方法

（2）调零。

通过使用可将测量值强制调零的功能可以任意决定零点，其方法如图 4-10 所示，同时按下 UP 键和 DOWN 键 3s 即可。需要解除调零时，同时按下 UP 键和 DOWN 键 6s，即可返回普通模式。

图 4-10　调零方法

（3）设定显示功能。

通过设定显示功能可以及时查看测量结果，方便完成调试。相对于检测物体的移动方向，可选择以下 3 种显示方法："常规"、"反转"和"偏移"，如图 4-11 所示。显示设定和模拟输出的关系如图 4-12 所示，该图是后续编程的基础。

例：HG-C1050(-P)

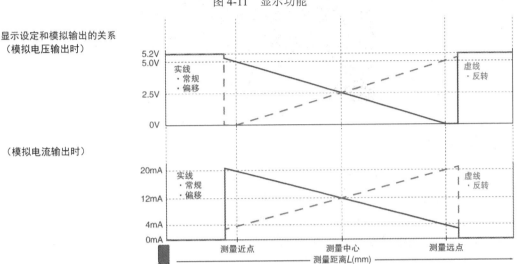

图 4-11   显示功能

显示设定和模拟输出的关系
（模拟电压输出时）

（模拟电流输出时）

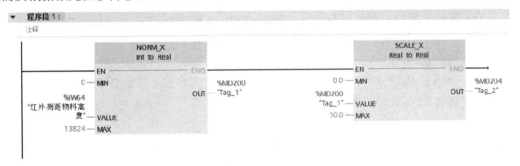

图 4-12   显示设定和模拟输出的关系

4）编程调试

该激光位移传感器的输出电压信号的电压范围是 0～5V，PLC 接收电压信号的电压范围是 0～10V（对应数值为 27648），所以这个模拟量经过转化后的数据不超过最大值的 50%，即 13824。经过标准化块转化的数据还需要进行数据的缩放，因此缩放的上下限值需要根据激光位移传感器的量程来进行设置。应用 HG-C1050 的编程如图 4-13 所示。

▼ **程序段 1：**

注释

| NORM_X | | SCALE_X | |
| Int to Real | | Real to Real | |

```
          NORM_X                                    SCALE_X
          Int to Real                               Real to Real
    ──EN          ENO──                        ──EN          ENO──
  0 ─MIN                                    0.0 ─MIN
                       OUT─ %MD200                            OUT─ %MD204
%IW64                       "Tag_1"      %MD200                    "Tag_2"
"红外测距物料高                            "Tag_1"─VALUE
度"─VALUE                                  50.0 ─MAX
13824 ─MAX
```

图 4-13   应用 HG-C1050 的编程

5）激光位移传感器的应用

当只有背景物体时，激光位移传感器上会显示当前的测量值，此时的值表示背景物体表面与激光位移传感器测量中心的距离。我们可以通过调零功能使当前测量值归零，然后将被测物体放在背景物体上，此时激光位移传感器就能准确地测量出被测物体的高度，如图 4-14 所示。

图 4-14　激光位移传感器的应用

6）注意事项

该激光位移传感器在使用过程中应注意以下内容。

（1）请务必在切断电源的状态下实施配线作业，若发生误配线，则会引发故障。

（2）请避免与高压线和动力线平行配线，或者使用同一个配线管。

（3）请确认电源输入不超过额定值。

（4）请勿用蛮力弯折电缆的引出部分，并避免拉拽。

（5）快速启动式和高频亮灯式荧光灯，以及太阳光等光线可能会对检测产生影响，因此请注意避免直接入光。

（6）请勿在室外使用。

（7）请勿使本产品的投光面和受光面附着水、油、指纹等会使光发生折射的物质，或者灰尘和垃圾等会遮光的物质。在已附着以上物质的情况下，请使用不会产生灰尘的软布或透镜用纸擦拭。

（8）请避免在有水蒸气、灰尘较多的场所，或有腐蚀性气体的环境中使用。

（9）请注意避免沾到稀释剂等有机溶剂、强酸、强碱或油脂。

（10）对激光位移传感器头部的投光透镜/受光透镜进行清扫时，请务必在切断电源的状态下进行操作。

以上介绍了 HG-C1050 的基本操作和注意事项，其余技术资料和使用方法请自行检索并查阅其说明书。

◆ 任务实施 ◆

## 任务 4.1　次品分拣单元的电气控制系统设计

次品分拣单元的电气控制系统设计主要包括次品分拣单元的气动原理图设计、PLC 的 I/O 分配、电气原理图设计、关键元器件选型等内容。

### 4.1.1 气动原理图设计

根据次品分拣单元的动作要求，设计如图 4-15 所示的气动原理图，气动系统主要由气源、进气开关、分水滤气器、减压阀、电磁换向阀、单向节流阀、排料气缸、升降气缸和推料气缸组成。减压阀用于控制减压阀出口压力并保持恒定值，单向节流阀用于调节各个气缸的运动速度。推料气缸的夹紧和松开由两个电磁铁驱动的电磁换向阀控制，当一个电磁铁得电时，推料气缸伸出；当另一个电磁铁得电时，推料气缸缩回。为了防止电磁铁损坏，两个电磁铁不得同时得电。升降气缸和推料气缸分别受一个电磁铁由驱动的电磁换向阀控制，当电磁铁不得电时，气缸缩回；当电磁铁得电时，气缸伸出。

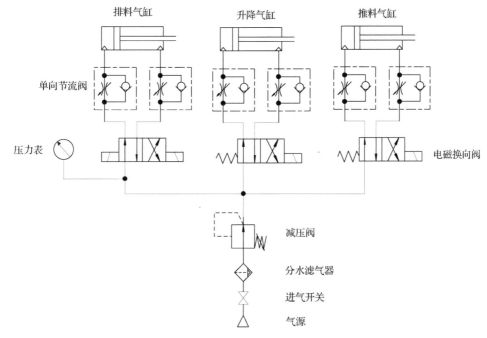

图 4-15 次品分拣单元的气动原理图

为了检测各个气缸的极限位置，在每个气缸上安装了对应的磁性开关。

### 4.1.2 PLC 的 I/O 分配

根据次品分拣单元装置侧的 I/O 分配和工作任务要求，确定 PLC 的 I/O 分配表，如表 4-1 所示。

表 4-1 次品分拣单元 PLC 的 I/O 分配表

| 输　　入 | | | 输　　出 | | |
| --- | --- | --- | --- | --- | --- |
| 序　号 | PLC 输入 | 信　号　名　称 | 序　号 | PLC 输出 | 信　号　名　称 |
| 1 | I0.0 | 联调/单站切换开关 | 1 | Q0.0 | 自动运行指示 |
| 2 | I0.1 | 自动运行按钮 | 2 | Q0.1 | 搬运电机使能 |
| 3 | I0.2 | 单步运行按钮 | 3 | Q0.2 | 搬运电机方向 |
| 4 | I0.3 | 急停按钮 | 4 | Q0.3 | 排料气缸 |

| 输　　入 | | | 输　　出 | | |
|:---:|:---:|:---:|:---:|:---:|:---:|
| 序　号 | PLC 输入 | 信 号 名 称 | 序　号 | PLC 输出 | 信 号 名 称 |
| 5 | I0.4 | 搬运初始位检测传感器 | 5 | Q0.4 | 升降气缸 |
| 6 | I0.5 | 搬运右侧位检测传感器 | 6 | Q0.5 | 推料气缸伸出 |
| 7 | I0.6 | 上料点物料检测传感器 | 7 | Q0.6 | 推料气缸缩回 |
| 8 | I0.7 | 高度检测点物料检测传感器 | | | |
| 9 | I1.0 | 排料气缸缩回检测传感器 | | | |
| 10 | I1.1 | 排料气缸伸出检测传感器 | | | |
| 11 | I1.2 | 升降气缸抬起检测传感器 | | | |
| 12 | I1.3 | 升降气缸落下检测传感器 | | | |
| 13 | I1.4 | 推料气缸缩回检测传感器 | | | |
| 14 | I1.5 | 推料气缸伸出检测传感器 | | | |
| 15 | 模拟量 | 物料高度检测传感器 | | | |

### 4.1.3　电气原理图设计

根据次品分拣单元的控制要求，设计次品分拣单元的电气原理图，如图 4-16 所示。

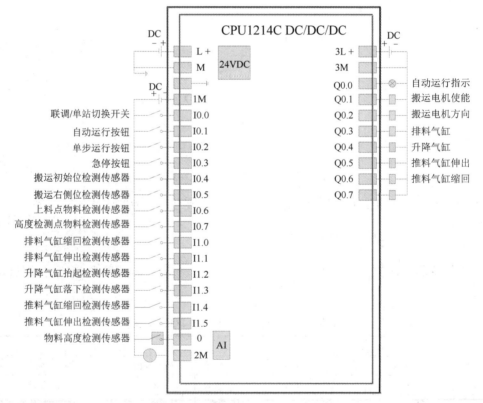

图 4-16　次品分拣单元的电气原理图

PLC 的 L+和 M 端子分别接 24V 电源的正极和负极，1M 与 PLC 的输入口形成一个回路，3L+提供 PLC 输出的电源，3M 与 PLC 的输出口形成一个回路，AI 为模拟量输入，0 和 2M 接物料高度检测传感器。

### 4.1.4  关键元器件选型

结合设计的气动原理图和电气原理图，对关键元器件进行选型，得到如表 4-2 所示的关键元器件清单。

表 4-2  关键元器件清单

| 序号 | 元器件名称 | 型　号 | 数量 | 生 产 厂 家 | 备　　注 |
| --- | --- | --- | --- | --- | --- |
| 1 | PLC | S7-1200 系列中的 1214C DC/DC/DC | 1 | 西门子 | |
| 2 | 电机驱动组件 | TJX38RG27I ZX8002 | 1 | TYHE | |
| 3 | 升降气缸 | TR10X50S | 1 | AIRTAC | |
| 4 | 推料气缸及排料气缸 | CDJ2B12-60Z-M9BW-B | 2 | AIRTAC | 推料气缸与排料气缸型号相同 |
| 5 | 调速开关 | HW-A-1020B | 1 | AIRTAC | 哈尔滨汇丰 |
| 6 | 减压阀 | GFR200-08 | 1 | AIRTAC | |
| 7 | 分水滤气器 | GL200-08 | 1 | AIRTAC | |
| 8 | 电磁换向阀（单线圈） | 4V110-M5 | 2 | AIRTAC | |
| 9 | 电磁换向阀（双线圈） | 4V120-M5 | 1 | AIRTAC | |
| 10 | 节流阀 | GRLA -QS3-D | 3 | AIRTAC | 分别控制 3 个气缸的运动速度 |
| 11 | 电感式传感器 | LE18SF05DPO | 2 | LANBAO | 同步带输送组件左右限位检测 |
| 12 | 磁性开关 | F-SC32 | 6 | AIRTAC | 在每个气缸上分别安装两个 |
| 13 | 微型激光位移传感器 | HG-C1050 | 1 | PANASONIC | 用于物料高度检测 |

## 任务 4.2  次品分拣单元的机械零部件及电气元器件安装与调试

该任务主要介绍次品分拣单元的安装流程、机械零部件安装步骤和安装注意事项，在实际安装过程中应做好安装记录。

### 4.2.1  安装流程

次品分拣单元的机械零部件及电气元器件的安装流程如图 4-17 所示。安装前，应对所需工具和零部件进行清点，为后续安装做好准备。同时，检查外购件合格证是否齐全并保证合格。首先进行基础平台安装，基础平台安装完成后，为了保证整个工作单元的水平，应对基础平台进行水平检验。其次，按照安装流程分别安装同步带输送组件、高度检测组件和推料组件，在安装过程中，可以结合实际对个别零部件的安装顺序进行调整。机械零部件安装完成后，在规定位置安装电气元器件并固定。最后进行机械零部件及电气元器件安装后的初步调试和检验。

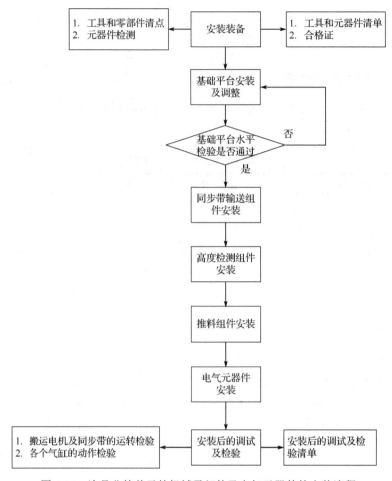

图 4-17 次品分拣单元的机械零部件及电气元器件的安装流程

## 4.2.2 机械零部件安装步骤

机械零部件安装步骤如表 4-3 所示，可供实物安装时参考。

表 4-3 机械零部件安装步骤

| 步　骤 | 内　　容 | 示　意　图 | 备　注 |
|---|---|---|---|
| 1 | 基础平台安装及调整 | | 应保证基础平台保持水平状态 |

| 步 骤 | 内 容 | 示 意 图 | 备 注 |
|---|---|---|---|
| 2 | 同步带输送组件安装 | 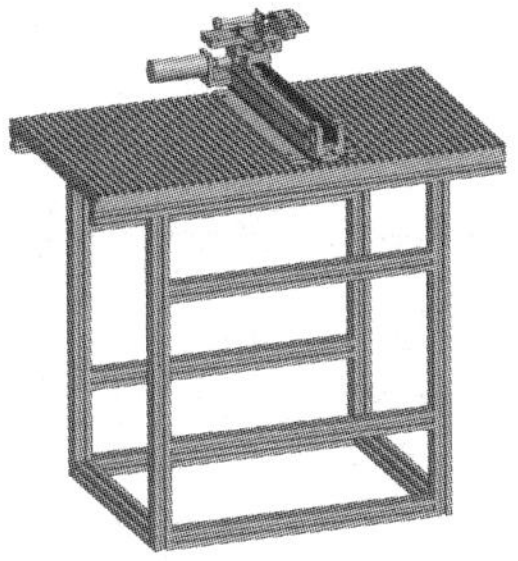 | |
| 3 | 高度检测组件安装 | 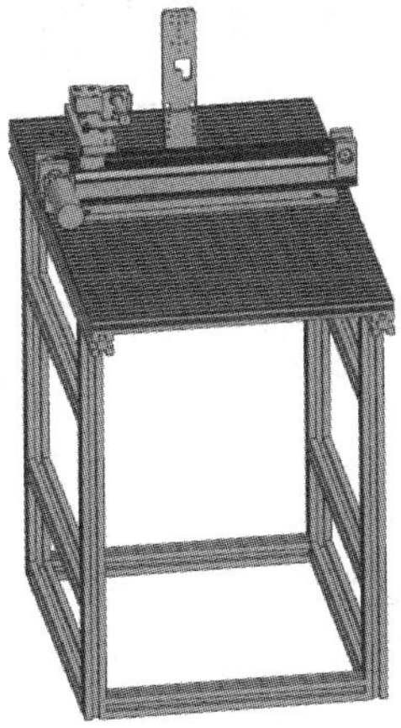 | |
| 4 | 推料组件安装 | 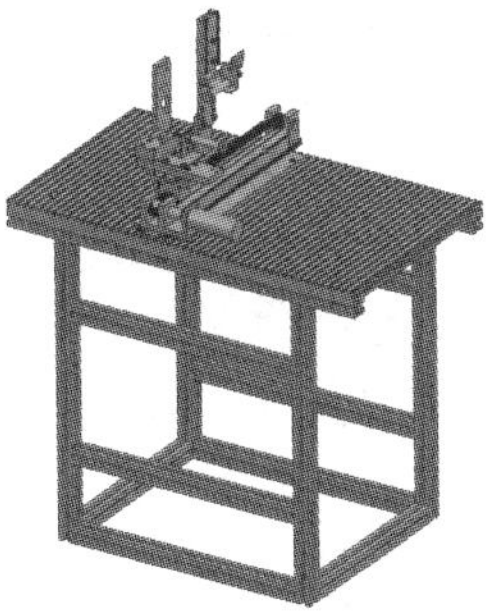 | |
| 5 | 剩余组件安装及调整 |  | |

### 4.2.3 安装注意事项、相应表格及记录

安装注意事项、相应表格及记录与主件供料单元的相关内容基本相同，请在项目 3 中查阅相关内容。

# 任务 4.3 次品分拣单元的电气接线及编程调试

该任务主要包括次品分拣单元的气路连接、电气接线、初步手动调试、编程与调试等内容。

### 4.3.1 气路连接、电气接线及初步手动调试

在后续电气联调前，应进行气路连接和电气接线，完成后应通过手动调试的方式保证气路连接和电气接线符合次品分拣单元的气动原理图、电气原理图的要求和动作要求，其基本步骤与主件供料单元的相关步骤基本相同。

### 4.3.2 编程与调试

1）编程思路

PLC 上电后应首先进入初始状态校核阶段，确认系统已经准备就绪后，才允许接收启动信号投入运行。下面只对动作过程步进顺序控制及状态显示部分的编程思路加以说明。

根据次品分拣单元的工作流程和动作顺序，画出如图 4-18 所示的次品分拣单元顺序功能图，再根据次品分拣单元顺序功能图编写如表 4-4 所示的相关程序。

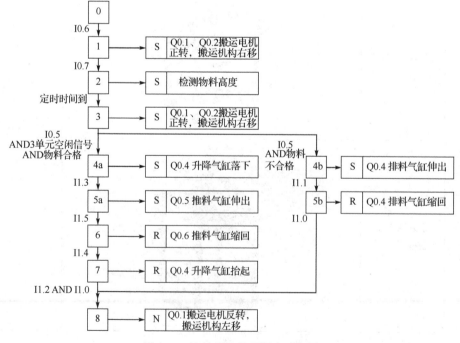

图 4-18　次品分拣单元顺序功能图

表 4-4　次品分拣单元动作关键程序

| 步　骤 | 说　明 | 程　序 |
|---|---|---|
| 初始化 | 将所有元器件复位,防止程序冲突,置位"第一步" | 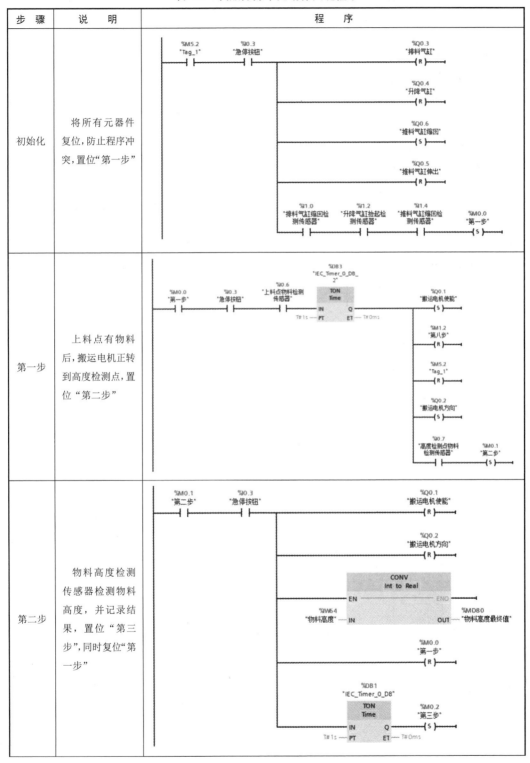 |
| 第一步 | 上料点有物料后,搬运电机正转到高度检测点,置位"第二步" | |
| 第二步 | 物料高度检测传感器检测物料高度,并记录结果,置位"第三步",同时复位"第一步" | |

| 步　骤 | 说　明 | 程　序 |
|---|---|---|
| 第三步 | 搬运电机继续右移到搬运右侧位，到达后置位"第三步-a"，同时复位"第二步" | %M0.2"第三步" — %I0.3"急停按钮" — %DB2"IEC_Timer_0_DB_1" TON Time IN Q PT ET，T#2s—PT ET—T#0ms → %Q0.1"搬运电机使能"(S)；%Q0.2"搬运电机方向"(S)；%M0.1"第二步"(R)；%I0.5"搬运右侧位检测传感器" — %M0.3"第三步-a"(S) |
| 第三步-a | 对物料是否合格进行判断，合格的置位"第四步-a"，不合格的置位"第四步-b"，同时复位"第三步" | %M0.3"第三步-a" — %I0.3"急停按钮" — %MD80"物料高度最终值">=Real 12800.0 — %MD80"物料高度最终值"<=Real 14000.0 → %M0.4"第四步-a"(S)；%M0.2"第三步"(R)；%Q0.1"搬运电机使能"(R)；%Q0.2"搬运电机方向"(R)；%MD80"物料高度最终值">Real 14000.0 → %M0.5"第四步-b"(S)；%MD80"物料高度最终值"<=Real 12800.0 |
| 第四步-a | 物料检测合格时，升降气缸落下，move 将高度值清零，置位"第五步-a"，同时复位"第三步" | %M0.4"第四步-a" — %I0.3"急停按钮" — %Q0.4"升降气缸"(S)；MOVE EN ENO 0.0—IN OUT1—%MD80"物料高度最终值"；%M0.3"第三步-a"(R)；%I1.3"升降气缸落下检测传感器" — %M0.6"第五步-a"(S) |
| 第五步-a | 推料气缸伸出，置位"第六步"，同时复位"第四步-a" | %M0.6"第五步-a" — %I0.3"急停按钮" — %Q0.5"推料气缸伸出"(S)；%Q0.6"推料气缸缩回"(R)；%M0.4"第四步-a"(R)；%I1.5"推料气缸伸出检测传感器" — %M0.7"第六步"(S) |

续表

| 步骤 | 说 明 | 程 序 |
|------|-------|-------|
| 第六步 | 推料气缸缩回，置位"第七步"，同时复位"第五步-a" | %M0.7 "第六步" —\| \|— %Q0.3 "急停按钮" —\| \|— %Q0.5 "推料气缸Ⅰ伸出" —( R )—<br><br>%Q0.6 "推料气缸Ⅰ缩回" —( S )—<br><br>%M0.6 "第五步-a" —( R )—<br><br>%I1.4 "推料气缸Ⅰ缩回检测传感器" —\| \|— %M1.1 "第七步" —( S )— |
| 第七步 | 升降气缸抬起，置位"第八步"，同时复位"第六步" | %M1.1 "第七步" —\| \|— %Q0.3 "急停按钮" —\| \|— %Q0.4 "升降气缸Ⅰ" —( R )—<br><br>%M0.7 "第六步" —( R )—<br><br>%I1.2 "升降气缸抬起检测传感器" —\| \|— %M1.2 "第八步" —( S )— |
| 第四步 -b | 物料检测不合格时，排料气缸伸出，move 高度值清零，置位"第五步-b"，同时复位"第三步-a" | %M0.5 "第四步-b" —\| \|— %Q0.3 "急停按钮" —\| \|— %Q0.3 "排料气缸" —( S )—<br><br>MOVE / EN ENO / 0.0 — IN / OUT1 — %MD80 "物料高度最终值"<br><br>%M0.3 "第三步-a" —( R )—<br><br>%I1.1 "排料气缸伸出检测传感器" —\| \|— %M4.0 "第五步-b" —( S )— |
| 第五步 -b | 排料气缸缩回，置位"第八步"，同时复位"第四步-b" | %M4.0 "第五步-b" —\| \|— %Q0.3 "急停按钮" —\| \|— %Q0.3 "排料气缸" —( R )—<br><br>%M0.5 "第四步-b" —( R )—<br><br>%M1.2 "第八步" —( S )— |

续表

| 步骤 | 说明 | 程序 |
|---|---|---|
| 第八步 | 电机反转回到搬运初始位，置位"第一步"，同时复位"第五步-b"和"第七步" | 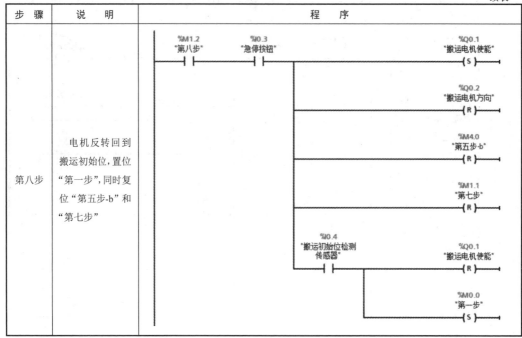 |

2）下载调试

完成程序编写后，将程序下载至 PLC，观察次品分拣单元的实际运行情况，并根据实际运行情况不断修改调试。在调试过程中，需要综合调整机械、气动、电气和程序等内容，不断反复，直至满足要求为止。

如果在调试过程中遇到问题，那么请尝试从以下方面进行检查。

（1）检查气动部分，检查气路是否正确、气压是否合理、气缸的动作速度是否合理。

（2）检查磁性开关的安装位置是否合适，磁性开关工作是否正常。

（3）检查 I/O 接线是否正确。

（4）检查传感器的安装是否合理、参数设定是否合适，保证检测的可靠性。

（5）调试各种可能出现的情况，例如，在上料点供料不足的情况下，系统能否可靠工作、能否满足控制要求。

（6）优化程序。

 项目测评

请以小组为单位完成次品分拣单元的安装与调试，完成后将小组成员按照贡献大小进行排序，由指导老师结合表 4-5 所示的项目测评表和小组成员贡献大小对小组成员进行评分。

表 4-5　项目测评表

| 测评项目 | | 详　细　要　求 | 配分 | 得分 | 评判性质 |
|---|---|---|---|---|---|
| 职业素质 | 安全操作 | 出现带电插拔编程线、信号线、电源线、通信线等行为，每次扣 2 分 | 2 | | 主观 |
| | 设备、工具仪器操作规范 | 出现过度用力或用不合适的工具敲打、撞击设备等行为，每处扣 1 分 | 2 | | 主观 |
| | 6S 管理 | （1）在工作过程中，将剥落的导线皮、线头、纸屑等放置于设备台面上，每处扣 0.5 分。<br>（2）任务完成后，将工具、不用的导线及其他耗材物品放置于工作台，地面不整洁，桌凳等未按规定位置放好，每处扣 0.5 分。<br>以上内容扣完为止 | 2 | | |
| | 穿戴规范 | 穿着工作服、绝缘工作鞋及必需的人身防护用品，不符合规定的每处扣 0.5 分，扣完为止 | 2 | | |
| | 工作纪律、文明礼貌 | 团队有分工有合作，遵守工作纪律，尊重教师和工作人员，文明礼貌等。违反规定的每处扣 0.5 分，扣完为止 | 2 | | 主观 |
| | 知识产权 | 出现抄袭情况，全部成绩同时记 0 分 | | | |
| 机械、电气安装与调试 | 机械安装 | （1）机械结构安装不到位，每处扣 0.5 分。<br>（2）拧紧力矩不符合要求，每处扣 0.5 分。<br>（3）漏装、错装等，每处扣 0.5 分。<br>以上内容扣完为止 | 20 | | |
| | 电气安装 | （1）接线错误，每处扣 0.5 分。<br>（2）导线进入走线槽时，每个进线口的导线不得超过 6 根，分布合理、整齐，单根导线直接进入走线槽且不交叉，否则每处扣 0.1 分。<br>（3）每根导线对应一位接线端子，且用线鼻子压牢，否则每处扣 0.1 分。<br>（4）在端子进线部分，每根导线必须都套用号码管，每个号码管必须都进行正确编号，否则每处扣 0.1 分。<br>（5）扎带捆扎间距为 50~80mm，且同一条线路上的捆扎间隔应相同，否则每处扣 0.1 分。<br>（6）扎带切割不能余留太长，必须小于 1mm 且不能割手，否则每处扣 0.1 分。<br>（7）接线端子金属裸露长度不超过 2mm，否则每处扣 0.1 分。<br>以上内容扣完为止 | 20 | | |
| | 气动系统连接 | （1）气路连接错误，每处扣 0.5 分。<br>（2）发生漏气现象，每处扣 0.2 分。<br>（3）调试时压力不足，每处扣 0.2 分。<br>以上内容扣完为止 | 10 | | |
| 编程调试及优化 | 编程调试 | 根据动作未完成情况进行扣分 | 30 | | |
| | 程序优化 | 程序逻辑结构应合理、清晰，便于理解和阅读，视情况扣分 | 10 | | 主观 |

## 思考练习及知识拓展

（1）在调试过程中，遇到的问题有哪些？可能的原因有哪些？如何解决？

（2）请检索 HG-C1050 说明书并消化其技术内容。

（3）请在自动运行程序的基础上编写单步运行程序并进行调试。

## 思政元素及职业素养元素

（1）工匠精神。

在安装与调试过程中，务必养成认真负责的工作态度、一丝不苟的工作作风和敬业、精益、专注的工匠精神；爱护每一台实训实验设备，严格按照流程图规定的顺序进行拆装；现场做到 6S 管理，按规定次序摆放各类零部件、工具和量具；课后及时清理工作场地。

（2）安全生产。

在安装与调试过程中，务必注意安全生产，坚决禁止带电拆装设备，杜绝一切安全事故的发生；离开现场前，必须关闭窗户和电源。

（3）团队合作。

安装与调试内容较多，相对比较复杂，建议组建实践团队，团队成员既有分工又有合作，共同完成该任务。

（4）专业技术文献检索。

自动化生产线设计的机械零部件和电气元器件较多，要善于结合铭牌检索其相关资料，如样本、产品说明书等，在此基础上进行自主学习并掌握其工作原理和基本使用方法。

# 项目 5　旋转工作单元的安装与调试

**项目描述**

　　按照旋转工作单元的要求，在规定时间内完成机械零部件及电气元器件的安装、气路连接、电气系统接线、PLC 程序设计和调试等内容。

**知识技能及素养目标**

　　（1）熟悉旋转工作单元的基本功能。

　　（2）熟悉机械零部件及电气元器件，并能完成其安装与调试。

　　（3）能根据气动原理图完成气路连接。

　　（4）能根据电气原理图完成电气系统的硬件连接和调试。

　　（5）能结合旋转工作单元的控制要求完成 PLC 编程和调试。

　　（6）能对旋转工作单元的常见故障及时进行排除。

　　（7）培养勤思考、多动手的习惯。

　　（8）培养认真负责的工作态度、一丝不苟的工作作风和敬业、精益、专注的工匠精神。

　　（9）具有举一反三的能力。

◆ 知识准备 ◆

## 1. 旋转工作单元认知

　　旋转工作单元是自动化生产线系统的第三个工作单元，主要用于根据物料方向的检测结果对物料进行旋转，从而保证在进入下一个工作单元前，物料处于方向正确的状态。

　　1）旋转工作单元的结构组成

　　旋转工作单元的基本结构如图 5-1 所示。旋转工作单元主要由基础平台（图中未标明）、转盘组件、方向调整组件、推料组件和电气元器件等组成。

　　（1）基础平台。

　　基础平台的作用主要是为其他元器件提供安装接口及支撑，在安装过程中应尽可能保持水平状态。基础平台上预制了铝制 T 形槽，方便其他元器件的安装。

　　（2）转盘组件。

　　转盘组件由转盘机构、步进电机、减速机构、连接件及固定螺钉等组成。转盘组件主要用于带动物料进行旋转。

　　（3）方向调整组件。

　　方向调整组件由升降气缸、旋转气缸、气爪、升降气缸抬起检测传感器、升降气缸落下检测传感器、旋转气缸原位检测传感器、旋转气缸旋转检测传感器、气爪松开检测

传感器、气爪夹紧检测传感器、连接件及固定螺钉等组成。方向调整组件主要用于调整
物料方向。

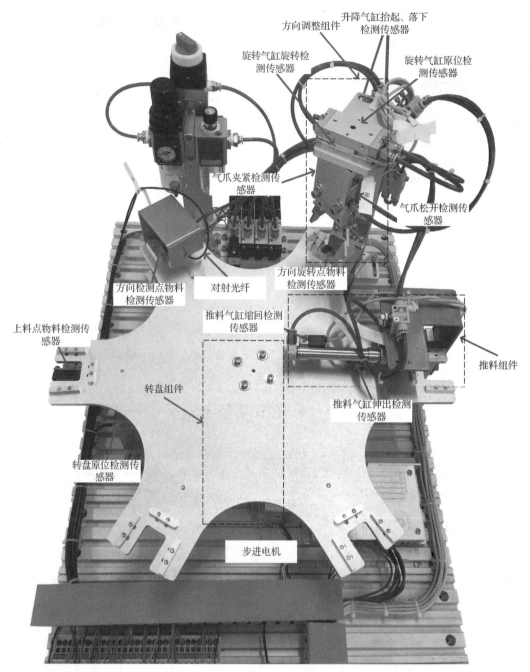

图 5-1　旋转工作单元的基本结构

（4）推料组件。

推料组件由推料气缸、推料气缸伸出检测传感器、推料气缸缩回检测传感器、连接
件及固定螺钉等组成。推料组件主要用于将物料推送到下一个工作单元。

（5）电气元器件。

旋转工作单元涉及的主要电气元器件有 PLC、断路器、步进电机、步进电机驱动器、接线端子排、传感器和开关等，以上元器件可以结合接线和编程用于实现对旋转工作单元的综合控制。

2）旋转工作单元的控制要求及动作流程

旋转工作单元的控制要求及动作流程如图 5-2 所示。

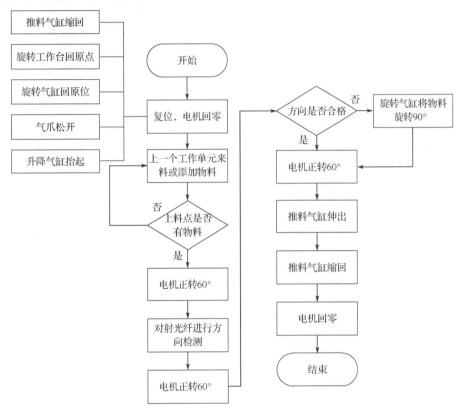

图 5-2  旋转工作单元的控制要求及动作流程

转盘下的上料点物料检测传感器检测到物料后，步进电机转动，带动转盘组件顺时针旋转 60°后使物料到达方向检测点，对射光纤检测物料方向并记录结果。转盘组件继续旋转 60°，当物料到达方向旋转点时，根据方向检测结果执行不同的操作。

如果方向正确，那么方向调整组件不执行方向调整操作；如果方向不正确，那么方向调整组件将物料旋转 90°。在转盘组件顺时针旋转 60°后停止，物料到达出料点，在接收到下一个工作单元的空闲信号后，推料气缸动作完成推料，步进电机归原点。

转盘组件旋转 60°说明：转盘组件上共有 6 个工位，相邻两个工位之间相差 60°；在转盘组件下方有转盘原位检测传感器，转盘每旋转 60°，工位上的标记物都会被原位传感器检测到。

## 2．步进电机、步进电机驱动器认知及使用

步进电机及步进电机驱动器如图 5-3 所示。步进电机是将电脉冲信号转变为角位移或线位移的开环控制电机。在非超载的情况下，步进电机的转速、停止的位置只取决于脉冲信号的频率和脉冲数，而不受负载变化的影响。

图 5-3　步进电机及步进电机驱动器

步进电机的运行特性不仅与步进电机本身和负载有关，而且与配套使用的步进电机驱动器也有着十分密切的关系。绝大部分步进电机驱动器都采用硬件环形脉冲分配器，与功率放大器集成在一起，共同构成步进电机的驱动装置，可实现脉冲分配和功率放大两个功能。当步进电机驱动器接收到一个脉冲信号后，它就驱动步进电机按设定的方向转动一个固定的角度（称为"步距角"），它的旋转是以固定的角度一步一步运行的。可以通过控制脉冲个数来控制角位移量，从而达到准确定位的目的；同时可以通过控制脉冲频率来控制电机转动的速度和加速度，从而达到调速和定位的目的。

具有细分功能的步进电机驱动器可以改变步进电机的固有步距角，达到更高的控制精度、降低振动及提高输出转矩；除了脉冲信号，具有总线通信功能的步进电机驱动器还能接收总线信号，控制步进电机进行相应的动作。

1）DM542 步进电机驱动器介绍

步进电机及步进电机驱动器的型号有很多，各厂家的步进电机驱动器具有类似的接口，有控制信号、电源、电机等接线端子，有输出电流及细分驱动设置的拨码开关。这里以深圳市雷赛智能控制股份有限公司（以下简称雷赛公司）的 DM542 步进电机驱动器为例介绍步进电机驱动器的接线及设置，其余型号的步进电机驱动器的接线和设置方法类似。

DM542 步进电机驱动器如图 5-4 所示，是雷赛公司推出的两相步进电机驱动器，采用脉冲方式进行控制，支持 8 挡位电流及 16 挡位细分驱动；输入电压范围为 DC 20～50V，输出峰值电流范围为 1.0～4.2A。DM542 步进电机驱动器接线端子有控制信号端子、电源端子和电机接线端子，设置主要包括输出电流设置和细分驱动设置两部分。

2）步进电机驱动器的接线

步进电机及步进电机驱动器的接线示意图如图 5-5 所示。

图 5-4　DM542 步进电机驱动器

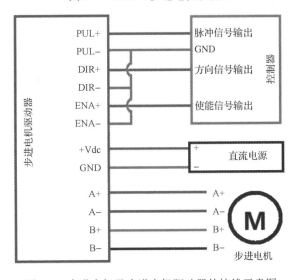

图 5-5　步进电机及步进电机驱动器的接线示意图

（1）控制信号端子。

控制信号端子与 PLC、单片机或其他控制器相连接，用来接收控制器发出的脉冲、方向及使能控制信号。

脉冲信号（Pulse）。脉冲信号接线端子有两个：PUL+和 PUL-。PUL+连接控制器的脉冲信号正极（输出），PUL-连接控制器的脉冲信号负极（地）。脉冲信号以 PUL+与 PUL-的电压差来衡量。

方向信号（Direction）。方向信号接线端子有两个：DIR+和 DIR-。DIR+连接控制器的方向信号正极（输出），DIR-连接控制器的方向信号负极（地）。步进电机的初始运行方向与电机绕组的接线有关，任何一组绕组互换（比如：A+和 A-互换）都能改变电机的初始运行方向。电机在运行过程中的方向改变可以通过方向信号来控制，为了保证步进电机可靠换向，方向信号应至少早于脉冲信号 5μs 建立。

使能信号（Enable）。使能信号用于使能或禁止步进电机驱动器输出，有两个接线端子：ENA+和 ENA-。ENA+连接控制器的使能信号正极（输出），ENA-连接控制器的使能信号负极（地）；当使能信号接通时，步进电机驱动器将切断步进电机各相电源而使其处于自由状态，该状态不响应脉冲信号。

（2）电源接口。

电源接口包括 2 个接线端子：+Vdc、GND。其中，+Vdc 表示直流电源正极，电压范围一般为 20～50V，推荐 24～48V；GND 表示直流电源负极。

（3）电机接线端子。

电机接线端子包括：A+、A-、B+、B-。其中，A+和 A-是步进电机的 A 相绕组的两个接线端子；B+和 B-是步进电机的 B 相绕组的两个接线端子。

3）步进电机驱动器的电流设置

DM542 步进电机驱动器有 8 个拨码开关（SW1～SW8），其中 SW1～SW3 用来设置工作电流（动态电流），SW4 用来设置静止电流（静态电流），SW5～SW8 用于进行细分设置。

设置步进电机驱动器的电流输出拨码开关（SW1～SW3），可以改变步进电机驱动器的输出电流大小。步进电机驱动器设置的输出电流越大，其连接的步进电机的输出转矩就越大。但是电流过大会导致电机和驱动器发热，严重时可能会损坏电机或驱动器。

**注意：** 步进电机的运动类型及停留时间的长短，都会影响其发热量。因此，在实际使用中应视电机的发热情况适当调节输出电流的大小。原则上如果电机运行 15～30min 后表面温度低于 40℃，那么可以适当增加电流设置值以增大输出转矩；但如果温升太高（>70℃），那么应该降低电流的设置值。

拨码开关 SW4 可用于设置步进电机在静止状态时驱动器的输出电流。默认情况下将 SW4 设置为 OFF，它表示驱动器在持续 0.4s 没有接收到脉冲后，将输出电流改变为峰值电流的 50%，这样可以降低驱动器和电机的发热量；如果将 SW4 设置为 ON，那么电机在静止状态下，驱动器的输出电流为其峰值电流的 90%。

4）细分驱动设置

DM542 步进电机驱动器提供了 4 个拨码开关（SW5～SW8），这 4 个拨码开关用来设置细分驱动，具体按照给定的细分表进行设置即可。

**注意：** 设置的每转脉冲数一般是默认每转脉冲数的整数倍，不能任意修改每转脉冲数。

### 3．编程控制步进电机

在 TIA 博途软件中创建项目、组态工艺对象并将组态下载到 CPU 中，可在用户程序中使用运动控制指令控制工艺对象，进而实现对步进电机的控制，具体步骤如表 5-1 所示。

表 5-1　编程控制步进电机步骤

| 步骤 | 工作内容 | 示　意　图 | 备　注 |
|---|---|---|---|
| 1 | 打开 TIA 博途软件，新建项目并命名 | | 注意命名规范，建议按照学号+姓名+项目名称的方式命名 |
| 2 | 添加 PLC | | |
| 3 | 设备组态 | | |

| 步骤 | 工作内容 | 示意图 | 备注 |
|---|---|---|---|
| 4 | 修改输入地址的起始地址 | 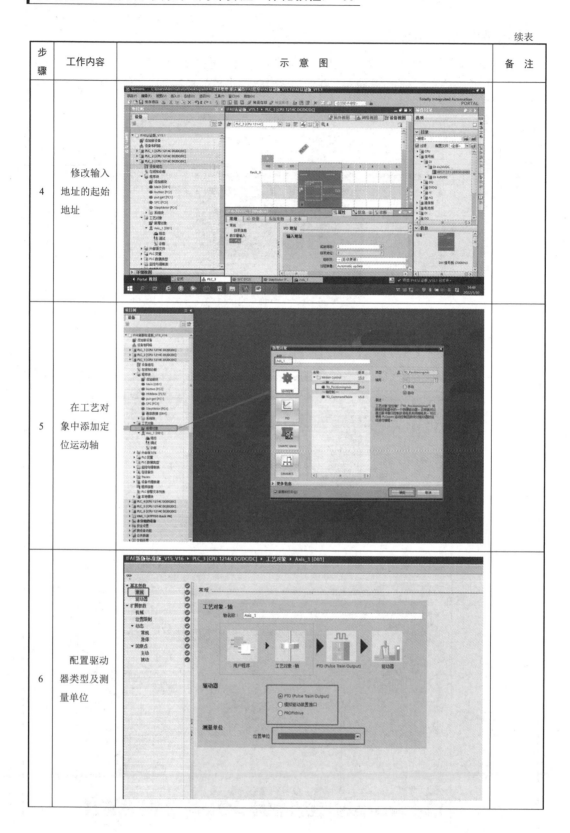 | |
| 5 | 在工艺对象中添加定位运动轴 | | |
| 6 | 配置驱动器类型及测量单位 | | |

| 步骤 | 工作内容 | 示　意　图 | 备　注 |
|---|---|---|---|
| 7 | 配置脉冲输出和方向输出信号点 | 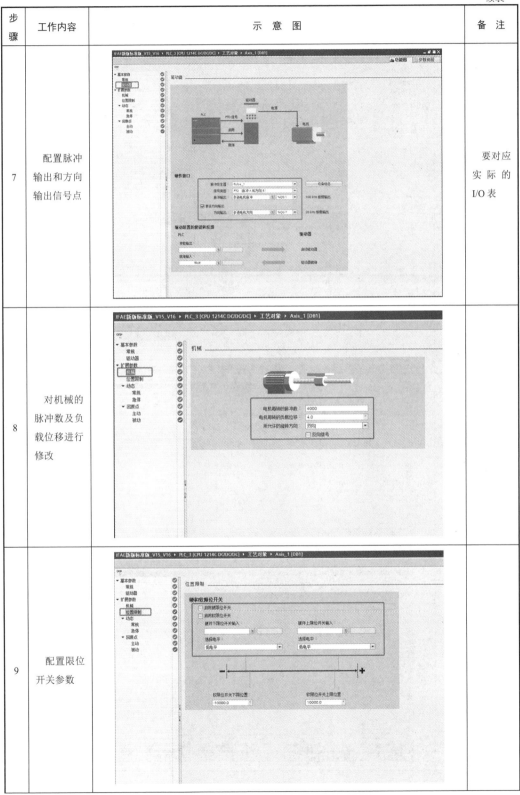 | 要对应实际的I/O表 |
| 8 | 对机械的脉冲数及负载位移进行修改 | | |
| 9 | 配置限位开关参数 | | |

续表

| 步骤 | 工作内容 | 示 意 图 | 备 注 |
|---|---|---|---|
| 10 | 配置速度及加减速度参数 | 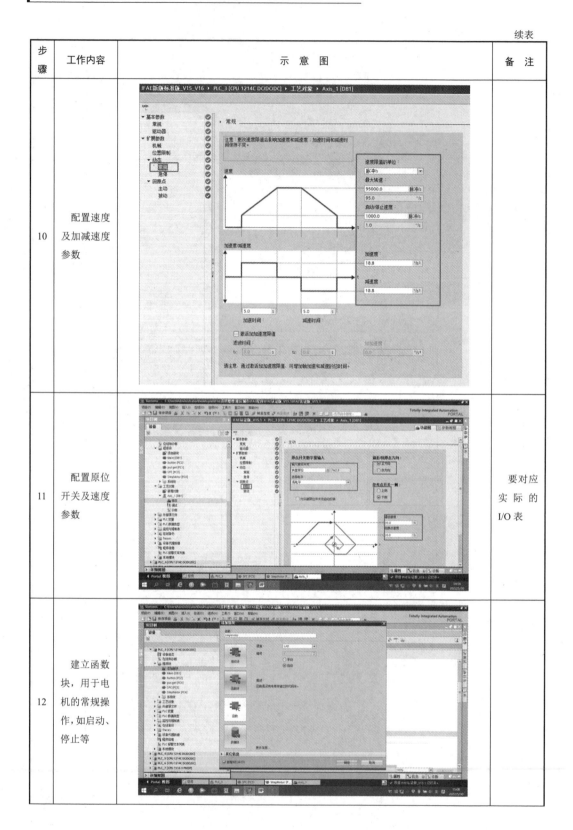 | |
| 11 | 配置原位开关及速度参数 | | 要对应实际的I/O表 |
| 12 | 建立函数块，用于电机的常规操作，如启动、停止等 | | |

| 步骤 | 工作内容 | 示　意　图 | 备　注 |
|---|---|---|---|
| 13 | 编写程序 | 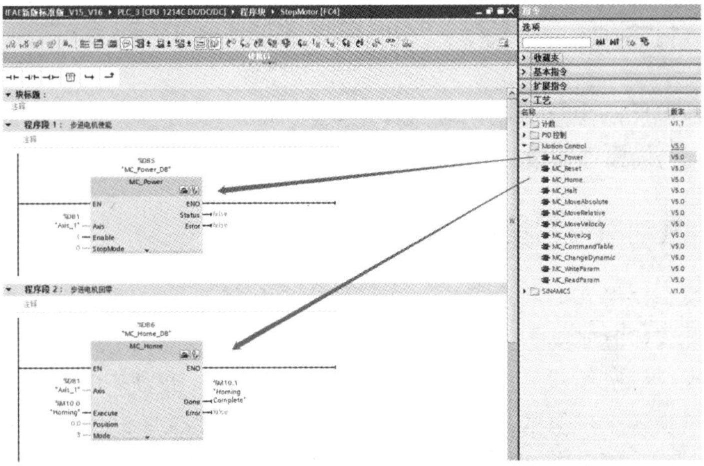 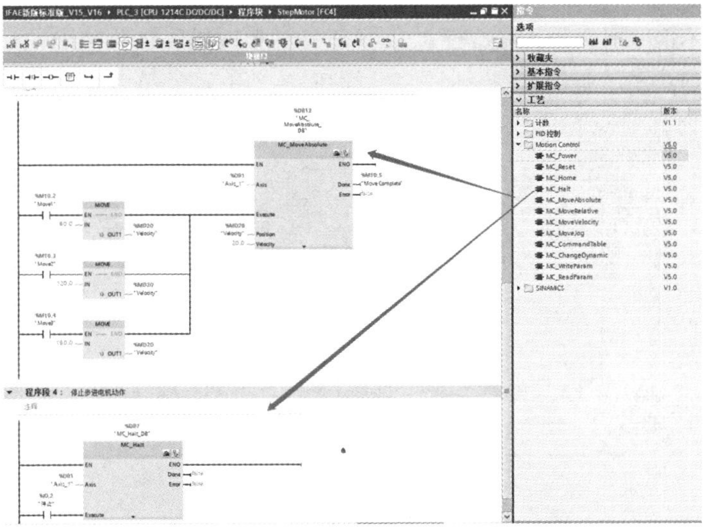 | |
| 14 | 编译下载 | 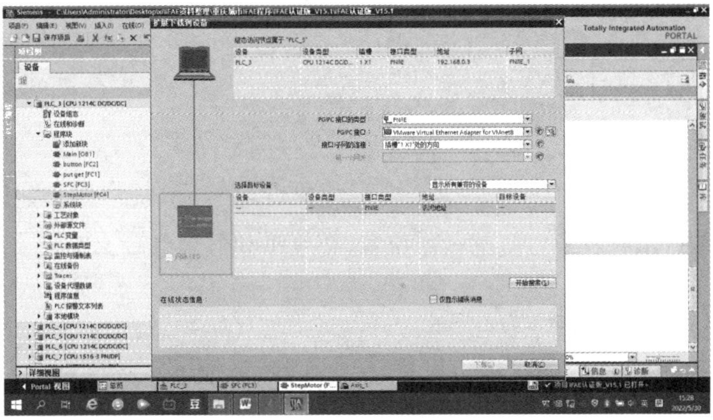 | |

◆ 任务实施 ◆

## 任务 5.1　旋转工作单元的电气控制系统设计

旋转工作单元的电气控制系统设计主要包括旋转工作单元的气动原理图设计、PLC 的 I/O 分配、电气原理图设计、关键元器件选型等内容。

### 5.1.1　气动原理图设计

根据旋转工作单元的动作要求，设计如图 5-6 所示的气动原理图，气动系统主要由气源、进气开关、分水滤气器、减压阀、电磁换向阀、单向节流阀、气爪、旋转气缸、升降气缸和推料气缸组成。减压阀用于控制减压阀出口压力并保持恒定值，单向节流阀用于调节气爪和各个气缸的运动速度。气爪由两个电磁铁驱动的电磁换向阀控制，当一个电磁铁得电时，气爪夹紧；当另一个电磁铁得电时，气爪松开。为了防止电磁铁损坏，两个电磁铁不得同时得电。旋转气缸、升降气缸和推料气缸分别由一个电磁铁驱动的电磁换向阀控制，当电磁铁不得电时，气缸缩回；当电磁铁得电时，气缸伸出。

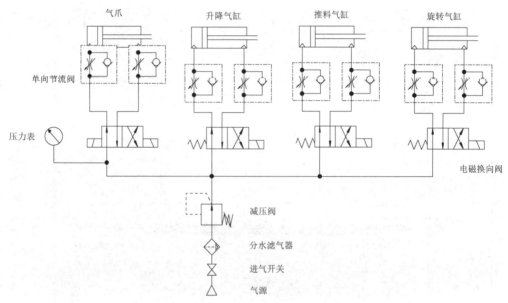

图 5-6　旋转工作单元的气动原理图

为了检测气爪和各个气缸的极限位置，在气爪和每个气缸上安装了对应的磁性开关。

### 5.1.2　PLC 的 I/O 分配

根据旋转工作单元装置侧的 I/O 分配和工作任务要求，确定 PLC 的 I/O 分配表，如表 5-2 所示。

表 5-2　旋转工作单元 PLC 的 I/O 分配表

| 输　　入 | | | 输　　出 | | |
|---|---|---|---|---|---|
| 序号 | PLC 输入 | 信　号　名　称 | 序号 | PLC 输出 | 信　号　名　称 |
| 1 | I0.0 | 联调/单站切换开关 | 1 | Q0.0 | 自动运行指示 |
| 2 | I0.1 | 自动运行按钮 | 2 | Q0.1 | 步进电机脉冲 |
| 3 | I0.2 | 单步运行按钮 | 3 | Q0.2 | 升降气缸 |
| 4 | I0.3 | 急停按钮 | 4 | Q0.3 | 旋转气缸 |
| 5 | I0.4 | 上料点物料检测传感器 | 5 | Q0.4 | 推料气缸 |
| 6 | I0.5 | 方向检测点物料检测传感器 | 6 | Q0.5 | 气爪松开线圈 |
| 7 | I0.6 | 方向旋转点物料检测传感器 | 7 | Q0.6 | 气爪夹紧线圈 |
| 8 | I0.7 | 对射光纤 | | | |
| 9 | I1.0 | 升降气缸抬起检测传感器 | | | |
| 10 | I1.1 | 升降气缸落下检测传感器 | | | |
| 11 | I1.2 | 旋转气缸原位检测传感器 | | | |
| 12 | I1.3 | 旋转气缸旋转检测传感器 | | | |
| 13 | I1.4 | 气爪松开检测传感器 | | | |
| 14 | I2.0 | 气爪夹紧检测传感器 | | | |
| 15 | I2.1 | 推料气缸缩回检测传感器 | | | |
| 16 | I2.2 | 推料气缸伸出检测传感器 | | | |
| 17 | I2.3 | 转盘原位检测传感器 | | | |

## 5.1.3　电气原理图设计

根据旋转工作单元的控制要求，设计旋转工作单元的电气原理图，如图 5-7 所示。

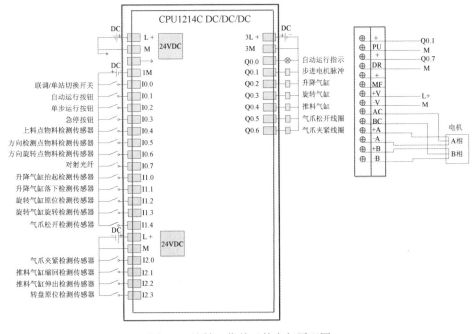

图 5-7　旋转工作单元的电气原理图

　　PLC 的 L+和 M 端子分别接 24V 电源的正极和负极，1M 与 PLC 的输入口形成一个回路，3L+提供 PLC 输出的电源，3M 与 PLC 的输出口形成一个回路，步进电机驱动器+V 和-V 分别接 24V 电源的正极和负极，+与 PU、+与 DR 分别是步进电机脉冲控制信号和方向控制信号，+、PU 分别接脉冲信号（Q0.1）和 24V 电源的负极，+、DR 分别接方向控制信号（Q0.7）和 24V 电源的负极，AC、+A、−A 接电机 A 相，BC、+B、−B 接电机 B 相。

### 5.1.4　关键元器件选型

　　结合设计的气动原理图和电气原理图，对关键元器件进行选型，得到如表 5-3 所示的关键元器件清单。

表 5-3　关键元器件清单

| 序号 | 元器件名称 | 型　　号 | 数量 | 生产厂家 | 备　　注 |
|---|---|---|---|---|---|
| 1 | PLC | S7-1200 系列中的 1214C DC/DC/DC | 1 | 西门子 | |
| 2 | 步进电机 | 2HB57-56 | 1 | 北京中创天勤科技 | 步距角为1.8° |
| 3 | 步进电机驱动器 | YKA2404MC | 1 | YAKO | |
| 4 | 气爪 | HFY20 | 1 | AIRTAC | |
| 5 | 旋转气缸 | HR02 | 1 | AIRTAC | |
| 6 | 升降气缸 | TR10X50S | 1 | AIRTAC | |
| 7 | 推料气缸 | CDJ2B12-60Z-M9BW-B | 1 | AIRTAC | |
| 8 | 减压阀 | GFR200-08 | 1 | AIRTAC | |
| 9 | 分水滤气器 | GL200-08 | 1 | AIRTAC | |
| 10 | 电磁换向阀（单线圈） | 4V110-M5 | 3 | AIRTAC | |
| 11 | 电磁换向阀（双线圈） | 4V120-M5 | 1 | AIRTAC | |
| 12 | 节流阀 | GRLA -QS3-D | 4 | AIRTAC | |
| 13 | 磁性开关 | F-SC32 | 8 | AIRTAC | |

## 任务 5.2　旋转工作单元的机械零部件及电气元器件安装与调试

　　该任务主要介绍旋转工作单元的安装流程、机械零部件安装步骤和安装注意事项，在实际安装过程中应做好安装记录。

### 5.2.1　安装流程

　　旋转工作单元的机械零部件及电气元器件的安装流程如图 5-8 所示。安装前，应对所需工具和零部件进行清点，为后续安装做好准备。同时，检查外购件合格证是否齐全并保证合格。首先进行基础平台安装，基础平台安装完成后，为了保证整个工作单元的水平，应对基础平台进行水平检验。其次，按照安装流程分别安装转盘组件、方向调整组件和推料组件，在安装过程中，可以结合实际对个别零部件的安装顺序进行调整。机械零部件安装完成后，在规定位置安装电气元器件并固定。最后进行机械零部件及电气元器件安装后的初步调试和检验。

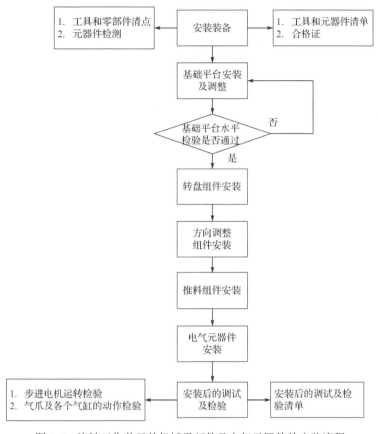

图 5-8　旋转工作单元的机械零部件及电气元器件的安装流程

## 5.2.2　机械零部件安装步骤

机械零部件安装步骤如表 5-4 所示，可供实物安装做参考。

表 5-4　机械零部件安装步骤

| 步　骤 | 内　容 | 示　意　图 | 备　注 |
|---|---|---|---|
| 1 | 基础平台安装及调整 |  | 应保证基础平台保持水平状态 |

| 步　骤 | 内　　容 | 示　意　图 | 备　注 |
|---|---|---|---|
| 2 | 转盘组件安装 |  | |
| 3 | 方向调整组件安装 | 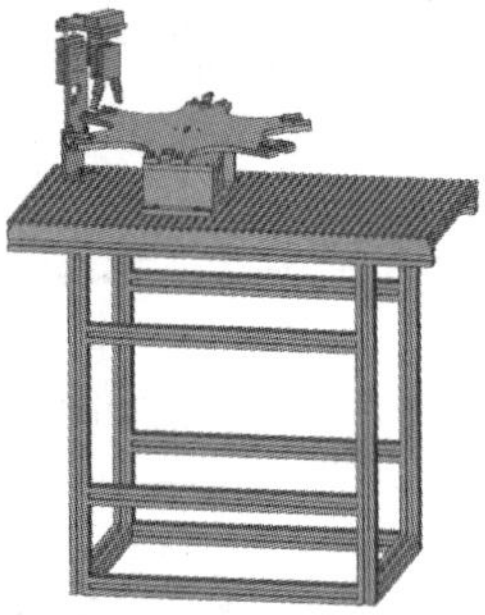 | |
| 4 | 推料组件安装 |  | |
| 5 | 剩余组件安装及调整 |  | |

### 5.2.3　安装注意事项、相应表格及记录

安装注意事项、相应表格及记录与主件供料单元的相关内容基本相同，请在项目 3 中查阅相关内容。

## 任务 5.3　旋转工作单元的电气接线及编程调试

该任务主要包括旋转工作单元的气路连接、电气接线、初步手动调试、编程与调试等内容。

### 5.3.1　气路连接、电气接线及初步手动调试

在后续电气联调前，应进行气路连接和电气接线，完成后应通过手动调试的方式保证气路连接和电气接线符合旋转工作单元的气动原理图、电气原理图的要求和动作要求，其基本步骤与主件供料单元的相关步骤基本相同。

### 5.3.2　编程与调试

1）编程思路

PLC 上电后应首先进入初始状态校核阶段，确认系统已经准备就绪后，才允许接收启动信号投入运行。下面只对动作过程步进顺序控制及状态显示部分的编程思路加以说明。

根据旋转工作单元的工作流程和动作顺序，画出如图 5-9 所示的旋转工作单元顺序功能图，再根据旋转工作单元顺序功能图编写如表 5-5 所示的相关程序。

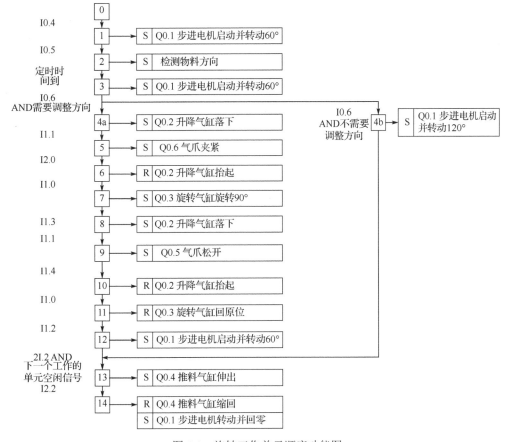

图 5-9　旋转工作单元顺序功能图

表 5-5　旋转工作单元动作关键程序

| 步　骤 | 说　明 | 程　序 |
|---|---|---|
| 初始化 | 将所有元器件复位，防止程序冲突，置位"第一步" | 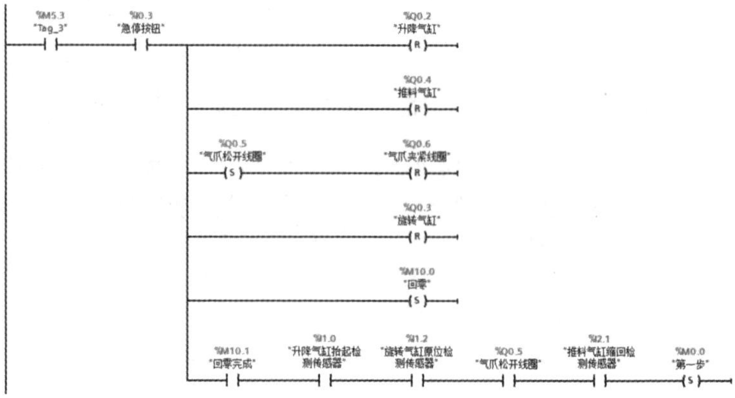 |
| 第一步 | 上料点有物料后，步进电机第一次转动60°，置位"第二步" | 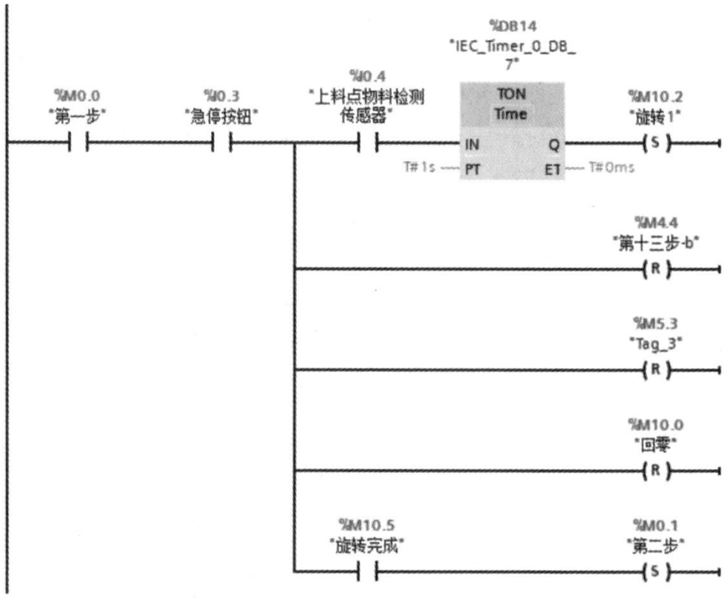 |
| 第二步 | 方向检测点有料后，对方向进行判断，记录结果，置位"第三步" | |

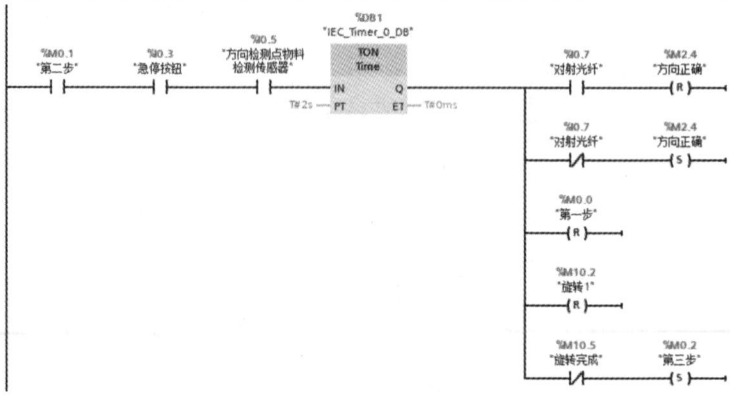

108

续表

| 步　骤 | 说　明 | 程　序 |
|---|---|---|
| 第三步 | 步进电机第二次转动60°，置位"第三步-a" | %M0.2 "第三步"　%I0.3 "急停按钮"　——( S )—— %M10.3 "旋转2"<br>——( R )—— %M0.1 "第二步"<br>%M10.5 "旋转完成"　——( S )—— %M4.3 "第三步-a" |
| 第三步-a | 对物料方向进行判断，方向正确时置位"第四步-b"，方向不正确时置位"第四步-a" | %M4.3 "第三步-a"　%I0.3 "急停按钮"　——( R )—— %M0.2 "第三步"<br>——( R )—— %M10.3 "旋转2"<br>%M10.5 "旋转完成"　%M2.4 "方向正确"　——( S )—— %M0.4 "第四步-b"<br>%M2.4 "方向不正确"　——( S )—— %M0.3 "第四步-a" |
| 第四步-a | 方向不正确时，升降气缸落下，置位"第五步" | %M0.3 "第四步-a"　%I0.3 "急停按钮"　%I0.6 "方向旋转点物料检测传感器"　——( S )—— %Q0.2 "升降气缸"<br>——( R )—— %M4.3 "第三步-a"<br>%I1.1 "升降气缸落下检测传感器"　——( S )—— %M0.5 "第五步" |
| 第五步 | 气爪夹紧，置位"第六步" | %M0.5 "第五步"　%I0.3 "急停按钮"　%DB8 TON Time　IN　Q　——( S )—— %Q0.6 "气爪夹紧线圈"<br>T#1s — PT　ET — T#0ms<br>——( R )—— %Q0.5 "气爪松开线圈"<br>——( R )—— %M0.3 "第四步-a"<br>%I2.0 "气爪夹紧检测传感器"　——( S )—— %M0.6 "第六步" |

| 步　骤 | 说　明 | 程　序 |
|---|---|---|
| 第六步 | 升降气缸抬起，置位"第七步" | 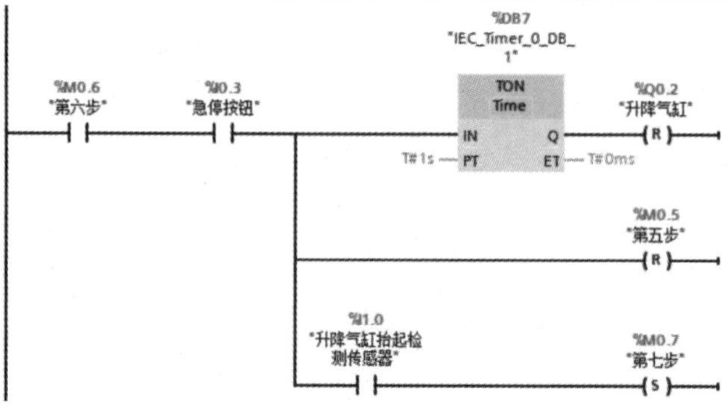 |
| 第七步 | 旋转气缸旋转 90°，置位"第八步" | 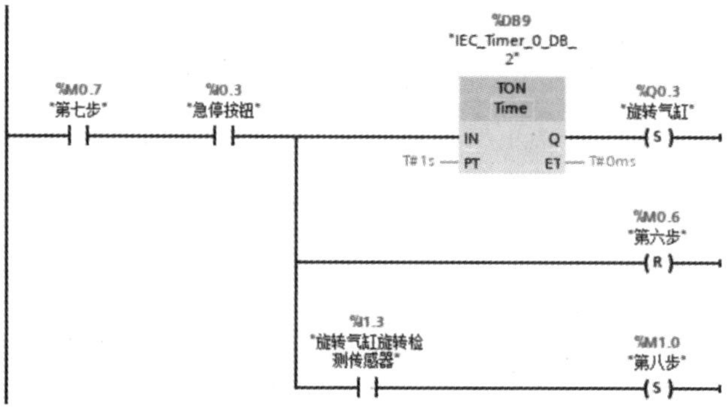 |
| 第八步 | 升降气缸落下，置位"第九步" | 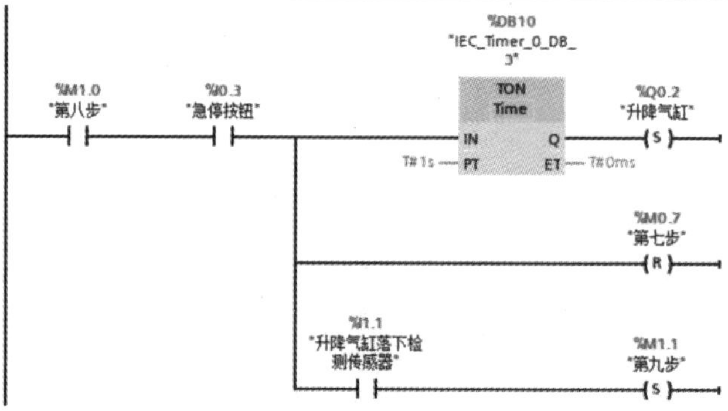 |
| 第九步 | 气爪松开，置位"第十步" | 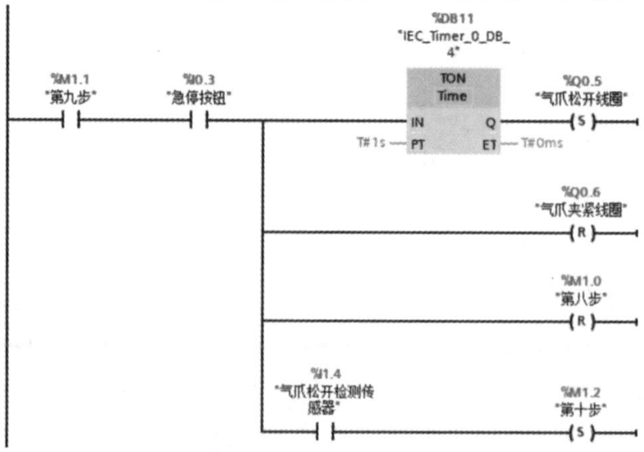 |

| 步　骤 | 说　明 | 程　序 |
|---|---|---|
| 第十步 | 升降气缸抬起,置位"第十一步" | %M1.2 "第十步"　%I0.3 "急停按钮"　%DB12 "IEC_Timer_0_DB_5" TON Time　IN　Q　T#1s—PT　ET—T#0ms　%Q0.2 "升降气缸" (R)<br>%M1.1 "第九步" (R)<br>%I1.0 "升降气缸抬起检测传感器"　%M4.0 "第十一步" (S) |
| 第十一步 | 旋转气缸回原位,置位"第十二步" | %M4.0 "第十一步"　%I0.3 "急停按钮"　%DB13 "IEC_Timer_0_DB_6" TON Time　IN　Q　T#1s—PT　ET—T#0ms　%Q0.3 "旋转气缸" (R)<br>%M1.2 "第十步" (R)<br>%I1.2 "旋转气缸原位检测传感器"　%M4.1 "第十二步" (S) |
| 第十二步 | 步进电机第三次转动60°,置位"第十三步" | %M4.1 "第十二步"　%I0.3 "急停按钮"　%M10.4 "旋转3" (S)<br>%M4.0 "第十一步" (R)<br>%M10.5 "旋转完成"　%M4.2 "第十三步" (S) |
| 第四步-b | 方向正确时,步进电机转动120°,置位"第十三步" | %M0.4 "第四步-b"　%I0.3 "急停按钮"　%M4.3 "第三步-a" (R)<br>%M10.4 "旋转3" (S)<br>%M10.5 "旋转完成"　%M4.2 "第十三步" (S) |

续表

| 步骤 | 说明 | 程序 |
|---|---|---|
| 第十三步 | 推料气缸伸出，置位"第十三步-b" | 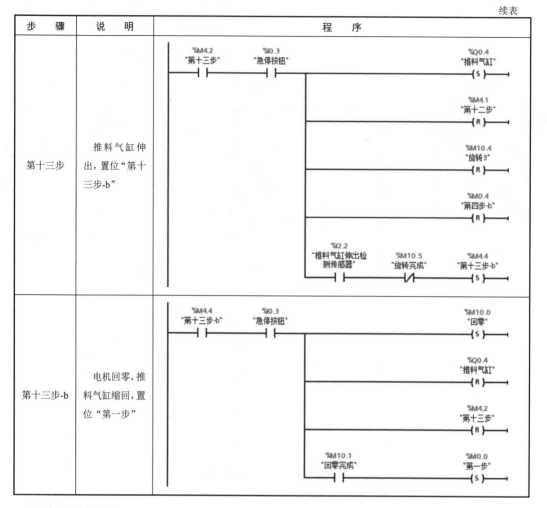 |
| 第十三步-b | 电机回零，推料气缸缩回，置位"第一步" | |

2）下载调试

完成程序编写后，将程序下载至 PLC，观察旋转工作单元的实际运行情况，并根据实际运行情况不断修改调试。在调试过程中，需要综合调整机械、气动、电气和程序等内容，不断反复，直至满足要求为止。

如果在调试过程中遇到问题，那么请尝试从以下方面进行检查。

（1）检查气动部分，检查气路是否正确、气压是否合理、气缸的动作速度是否合理。

（2）检查磁性开关的安装位置是否合适，磁性开关工作是否正常。

（3）检查 I/O 接线是否正确。

（4）检查传感器的安装是否合理、参数设定是否合适，保证检测的可靠性。

（5）调试各种可能出现的情况，例如，在上料点供料不足的情况下，系统能否可靠工作、能否满足控制要求。

（6）优化程序。

# 项目测评

请以小组为单位完成旋转工作单元的安装与调试，完成后将小组成员按照贡献大小进行排序，由指导老师结合表 5-6 所示的项目测评表和小组成员贡献大小对小组成员进行评分。

表 5-6　项目测评表

| 测评项目 | | 详细要求 | 配分 | 得分 | 评判性质 |
|---|---|---|---|---|---|
| 职业素质 | 安全操作 | 出现带电插拔编程线、信号线、电源线、通信线等行为，每次扣 2 分 | 2 | | 主观 |
| | 设备、工具仪器操作规范 | 出现过度用力或用不合适的工具敲打、撞击设备等行为，每处扣 1 分 | 2 | | 主观 |
| | 6S 管理 | （1）在工作过程中，将剥落的导线皮、线头、纸屑等放置于设备台面上，每处扣 0.5 分。<br>（2）任务完成后，将工具、不用的导线及其他耗材物品放置于工作台，地面不整洁，桌凳等未按规定位置放好，每处扣 0.5 分。<br>以上内容扣完为止 | 2 | | |
| | 穿戴规范 | 穿着工作服、绝缘工作鞋及必需的人身防护用品，不符合规定的每处扣 0.5 分，扣完为止 | 2 | | |
| | 工作纪律、文明礼貌 | 团队有分工有合作，遵守工作纪律，尊重教师和工作人员，文明礼貌等。违反规定的每处扣 0.5 分，扣完为止 | 2 | | 主观 |
| | 知识产权 | 出现抄袭情况，全部成绩同时记 0 分 | | | |
| 机械、电气安装与调试 | 机械安装 | （1）机械结构安装不到位，每处扣 0.5 分。<br>（2）拧紧力矩不符合要求，每处扣 0.5 分。<br>（3）漏装、错装等，每处扣 0.5 分。<br>以上内容扣完为止 | 20 | | |
| | 电气安装 | （1）接线错误，每处扣 0.5 分。<br>（2）导线进入走线槽时，每个进线口的导线不得超过 6 根，分布合理、整齐，单根导线直接进入走线槽且不交叉，否则每处扣 0.1 分。<br>（3）每根导线对应一位接线端子，且用线鼻子压牢，否则每处扣 0.1 分。<br>（4）在端子进线部分，每根导线必须都套用号码管，每个号码管必须都进行正确编号，否则每处扣 0.1 分。<br>（5）扎带捆扎间距为 50～80mm，且同一条线路上的捆扎间隔应相同，否则每处扣 0.1 分。<br>（6）扎带切割不能留太长，必须小于 1mm 且不能割手，否则每处扣 0.1 分。<br>（7）接线端子金属裸露长度不超过 2mm，否则每处扣 0.1 分。<br>以上内容扣完为止 | 20 | | |

| 测 评 项 目 | | 详 细 要 求 | 配分 | 得分 | 评判性质 |
|---|---|---|---|---|---|
| 机械、电气安装与调试 | 气动系统连接 | （1）气路连接错误，每处扣 0.5 分。<br>（2）发生漏气现象，每处扣 0.2 分。<br>（3）调试时压力不足，每处扣 0.2 分。<br>以上内容扣完为止 | 10 | | |
| 编程调试及优化 | 编程调试 | 根据动作未完成情况进行扣分 | 30 | | |
| | 程序优化 | 程序逻辑结构应合理、清晰，便于理解和阅读，视情况扣分 | 10 | | 主观 |

## 思考练习及知识拓展

（1）在调试过程中，遇到的问题有哪些？可能的原因有哪些？如何解决？

（2）请在自动运行程序的基础上编写单步运行程序并进行调试。

（3）请检索一个具体型号的步进电机驱动器，并结合其说明书阐述该步进电机驱动器的接线、参数设置和使用方法。

## 思政元素及职业素养元素

（1）工匠精神。

在安装与调试过程中，务必养成认真负责的工作态度、一丝不苟的工作作风和敬业、精益、专注的工匠精神；爱护每一台实训实验设备，严格按照流程图规定的顺序进行拆装；现场做到 6S 管理，按规定次序摆放各类零部件、工具和量具；课后及时清理工作场地。

（2）安全生产。

在安装与调试过程中，务必注意安全生产，坚决禁止带电拆装设备，杜绝一切安全事故的发生；离开现场前，必须关闭窗户和电源。

（3）团队合作。

安装与调试内容较多，相对比较复杂，建议组建实践团队，团队成员既有分工又有合作，共同完成该任务。

（4）专业技术文献检索。

自动化生产线设计的机械零部件和电气元器件较多，要善于结合铭牌检索其相关资料，如样本、产品说明书等，在此基础上进行自主学习并掌握其工作原理和基本使用方法。

（5）举一反三的能力。

步进电机及步进电机驱动器的型号有很多，各步进电机驱动器的接线和设置方法类似。在学习了一种步进电机驱动器的接线和设置方法以后，应能够举一反三，独立完成其余型号步进电机驱动器的接线和设置。

# 项目6  方向调整单元的安装与调试

按照方向调整单元的要求，在规定时间内完成机械零部件及电气元器件的安装、气路连接、电气系统接线、PLC 程序设计和调试等内容。

## 知识技能及素养目标

（1）熟悉方向调整单元的基本功能。

（2）熟悉机械零部件及电气元器件，并能完成其安装与调试。

（3）能根据气动原理图完成气路连接。

（4）能根据电气原理图完成电气系统的硬件连接和调试。

（5）能结合方向调整单元的控制要求完成 PLC 编程和调试。

（6）能对方向调整单元的常见故障及时进行排除。

（7）培养勤思考、多动手的习惯。

（8）培养认真负责的工作态度、一丝不苟的工作作风和敬业、精益、专注的工匠精神。

◆ 知识准备 ◆

### 1. 方向调整单元认知

方向调整单元是自动化生产线系统的第四个工作单元，主要用于判断物料放置姿态是否正确，调整姿态错误的物料的放置方向，保证物料最终保持正确的放置姿态，为下一步装配做准备。

1）方向调整单元的结构组成

方向调整单元的基本结构如图 6-1 所示。方向调整单元主要由基础平台（图中未标明）、视觉检测组件、方向调整组件、推料组件和电气元器件等组成。

（1）基础平台。

基础平台的作用主要是为其他元器件提供安装接口及支撑，在安装过程中应尽可能保持水平状态。基础平台上预制了铝制 T 形槽，方便其他元器件的安装。

（2）视觉检测组件。

视觉检测组件由视觉传感器、连接件及固定螺钉等组成。视觉检测组件主要用于检测并判断物料方向。

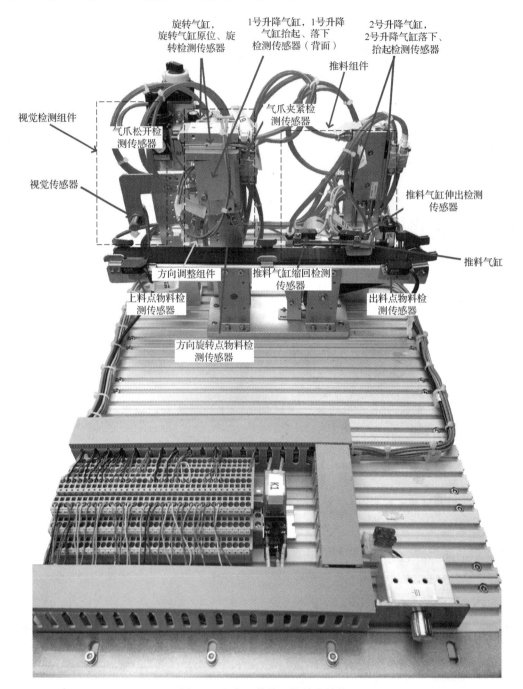

图 6-1　方向调整单元的基本结构

（3）方向调整组件。

方向调整组件由 1 号升降气缸、旋转气缸、气爪、1 号升降气缸抬起检测传感器、1号升降气缸落下检测传感器、旋转气缸原位检测传感器、旋转气缸旋转检测传感器、气爪夹紧检测传感器、气爪松开检测传感器、方向旋转点物料检测传感器、连接件及固定螺钉等组成。方向调整组件主要用于调整物料方向。

（4）推料组件。

推料组件由 2 号升降气缸、推料气缸、2 号升降气缸抬起检测传感器、2 号升降气缸落下检测传感器、推料气缸缩回检测传感器、推料气缸伸出检测传感器、连接件及固定螺钉等组成。推料组件主要用于将物料推送到下一个工作单元。

（5）电气元器件。

方向调整单元涉及的主要电气元器件有 PLC、断路器、搬运电机、调速开关、接线端子排、传感器和开关等，以上元器件可以结合接线和编程用于实现对方向调整单元的综合控制。

2）方向调整单元的控制要求及动作流程

方向调整单元的控制要求及动作流程如图 6-2 所示。

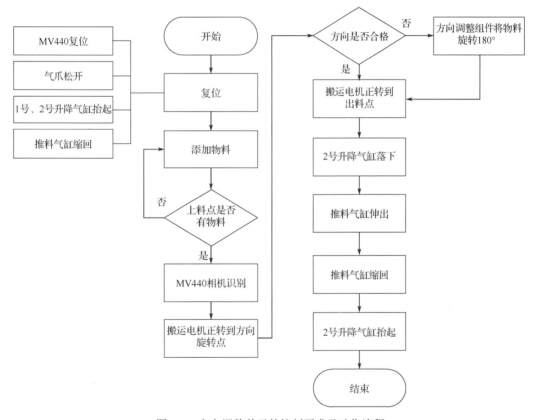

图 6-2　方向调整单元的控制要求及动作流程

当上料点物料检测传感器检测到物料时，电感式接近开关检测物料，MV440 相机识别并记录结果。搬运电机开始转动，搬运电机带动物料向出料点移动，当方向旋转点物料检测传感器检测到物料时，电机停止转动并根据 MV440 相机的检测结果执行不同的操作。

若检测结果为正确，则不对物料实行方向调整操作；若检测结果为错误，则方向调整组件将物料旋转 180°。搬运电机继续转动，带动物料向出料点移动，当出料点物料检测传感器检测到物料时，搬运电机停止转动，2号升降气缸带动推料气缸下行，在接收到下一个工作单元的空闲信号后，推料气缸伸出，完成推料后，推料气缸缩回，2号升降气缸带动推料气缸上行。

### 2．SIMATIC MV440 读码器认知及使用

SIMATIC MV440 读码器（以下简称 MV440）是专为工业应用设计的读码器设备，是西门子高端读码器系列产品，其功能强大、运算速度快、防备等级高且接口全面，广泛应用于汽车、烟草和太阳能等制造过程。在方向调整单元中使用 MV440 对物料的方向进行识别并反馈至 PLC。

1）设备组装步骤

（1）卸下镜头螺纹连接器的保护盖。

（2）结合图 6-3 安装以下组件。

①固定螺钉；②接线板；③环形光源；④O 形圈；⑤镜头保护外壳（ϕ65）。

（3）选择合适的位置安装设备。

（4）在安装位置上钻 4 个孔。

（5）安装读码器。

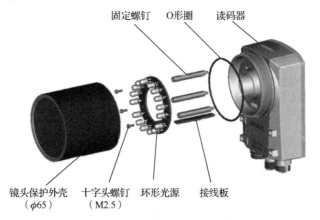

图 6-3 MV440 安装

2）系统环境配置

对 MV440 进行配置前须加载 Java 运行环境（Java Runtime Environment，JRE）和西门子环网管理工具（Primary Setup Tool，PST），要实现对象识别，就需要向 MV440 导入 PAT-GENIUS 授权文件。

（1）安装 PST。

将 PST 安装文件解压缩，双击运行 Setup.exe，如图 6-4 所示。

若出现如图 6-5 所示的提示内容，则单击"OK"按钮，退出安装。

打开注册表编辑器（使用 Windows+R 快捷键运行 regedit），选中注册表 HKEY_LOCAL_MACHINE\SYSTEM\CurrentControlSet\Control\Session Manager 下的 PendingFileRenameOperations 文件，如图 6-6 所示，并在其上右击，在弹出的菜单中选择"删除"命令。

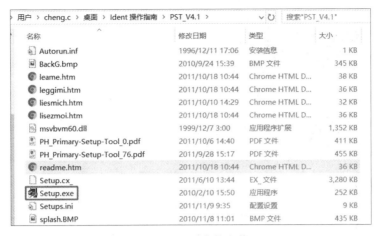

图 6-4　PST 安装文件

图 6-5　提示内容

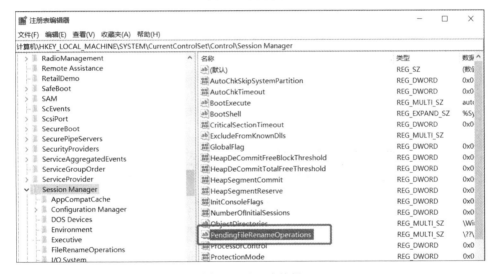

图 6-6　注册表编辑

再次双击 Setup.exe，运行后，勾选接受协议复选框，如图 6-7 所示，并单击"Next"
按钮，后续均选择默认项，单击"Next"按钮，等待安装完成即可。

（2）安装 Java。

以管理员身份运行 JRE 安装文件，如图 6-8 所示。建议安装 1.7 版本，其他版本可
能导致无法进入操作界面。

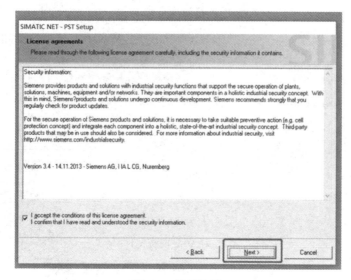

图 6-7　接受协议

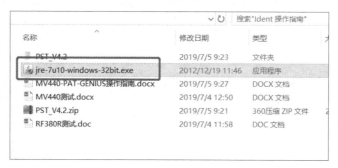

图 6-8　JRE 安装文件

在弹出的对话框中单击"安装"按钮，如图 6-9 所示，等待安装完成即可。

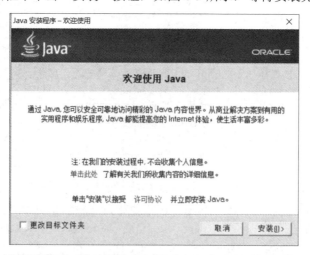

图 6-9　安装 Java

（3）安装 PAT-GENIUS 授权。

安装如图 6-10 所示的 PAT-GENIUS MV PlugIn 插件。

图 6-10 PAT-GENIUS MV PlugIn 插件

将 SIMATIC Ident License U 盘插入计算机，打开授权管理软件 ALM，选择"Edit"→"Connect target system"→"！Code-Lesesystem verbinden"命令，如图 6-11 所示。

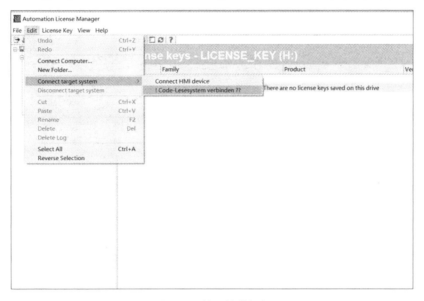

图 6-11 管理软件授权

输入 MV440 的 IP 地址，如图 6-12 所示。

图 6-12 MV440 的 IP 地址设置

此时，MV440 已添加到设备列表，如图 6-13 所示。

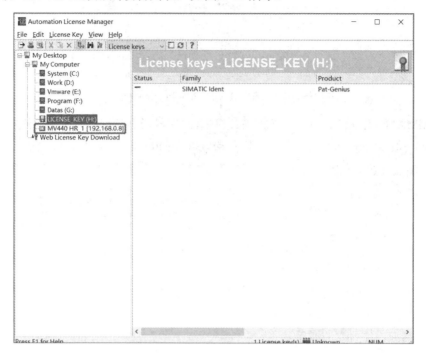

图 6-13　MV440 已添加到设备列表

选中 SIMATIC Ident Licence U 盘中的授权文件，右击后，天打开的快捷菜单中选择"Transfer"命令，如图 6-14 所示。

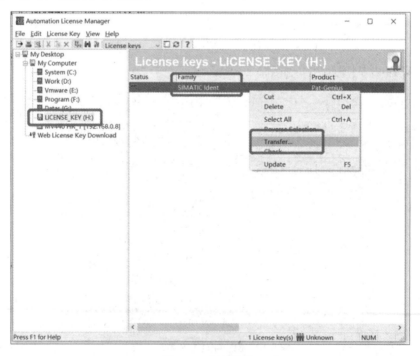

图 6-14　授权文件

目标设备选择 MV440，如图 6-15 所示，单击"OK"按钮，等待导入完成即可。

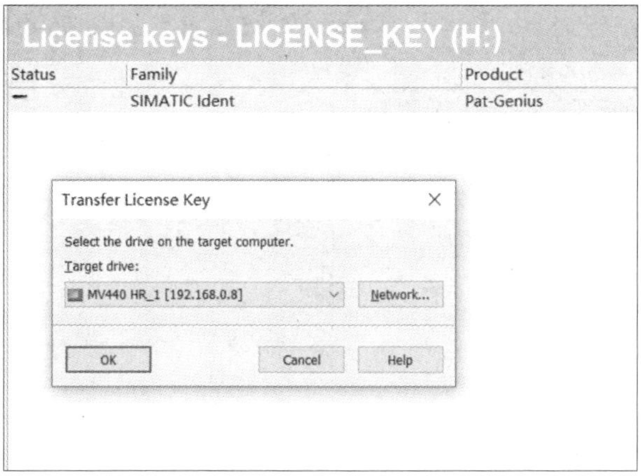

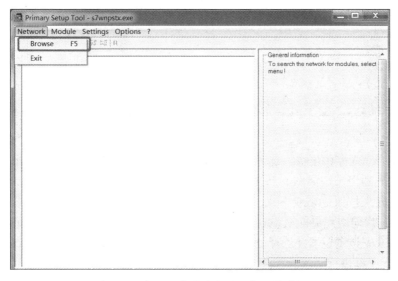

图 6-15　目标设备选择

3）调试步骤

步骤 1：使用以太网电缆连接读码器与个人计算机。

步骤 2：打开读码器。

接通读码器的电源。

每次启动时，读码器运行自检，通过电源 LED 闪烁加以指示。

几秒后将完成自检，LED 绿色常亮表示读码器已准备就绪。

步骤 3：组态读码器与个人计算机之间的连接。

启动 PST。选择"开始"→"SIMATIC"→"Primary Setup Tool"命令。

在 PST 菜单中启动网络浏览功能。选择"Network"（网络）→"Browse"（浏览）命令，如图 6-16 所示。

图 6-16　在 PST 菜单中启动网络浏览功能

选择所显示的设备并双击，如图 6-17 所示。

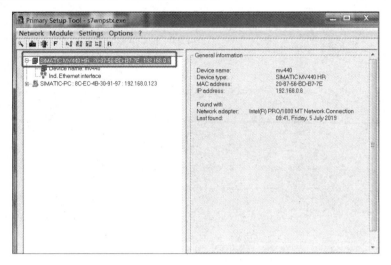

图 6-17　选择所显示的设备并双击

单击所显示的以太网接口，显示该接口的属性。选择"Assign IP parameters（设置 IP 参数）"命令并输入 IP 地址和子网掩码，如图 6-18 所示。

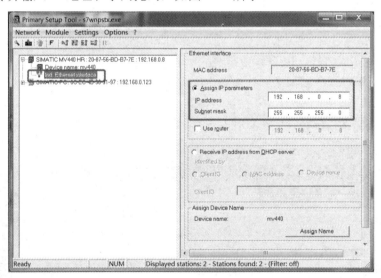

图 6-18　IP 地址设置

再次选择 MV440 模块，选择"Module"（模块）菜单中的"Download"（下载）命令，装载读码器组态，如图 6-19 所示。

单击"是"按钮，完成下载，如图 6-20 所示。

步骤 4：启动用户界面及设置。

打开 360 安全浏览器并选择 IE 模式，在地址栏中输入"http://192.168.0.8"，如图 6-21 所示，按 Enter 键进行确认。

注意：须预先将计算机本地连接 IP 地址设置为同一个网段 192.168.0.*。

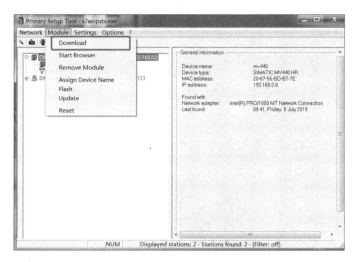

图 6-19  装载读码器组态

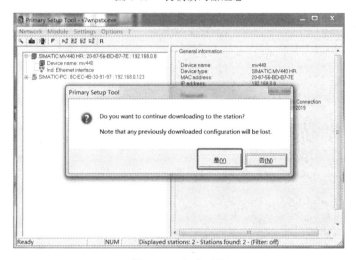

图 6-20  完成下载

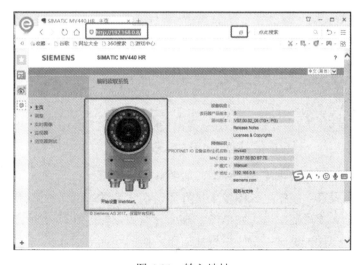

图 6-21  输入地址

单击读码器图像，开始设置，如图 6-22 所示。

图 6-22　开始设置

选中程序，并在右侧空白处单击，进入模型库，如图 6-23 所示。

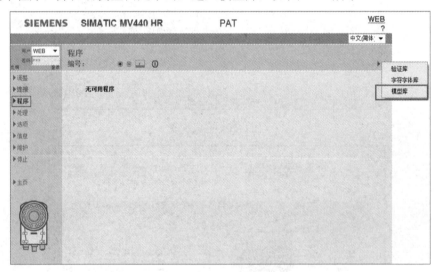

图 6-23　进入模型库

单击"加号"按钮，添加一个模型，如图 6-24 所示。

单击"图像采集"按钮进入图像采集界面，在"图像"选区内选择"新建"选项，将物料放在摄像头读写范围内，并单击"添加"按钮，如图 6-25 所示。

选中添加的图片，单击"新建模型"按钮，如图 6-26 所示。

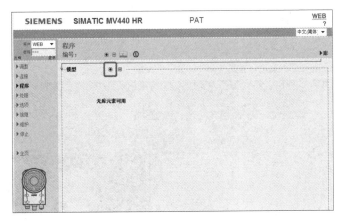

图 6-24　添加一个模型

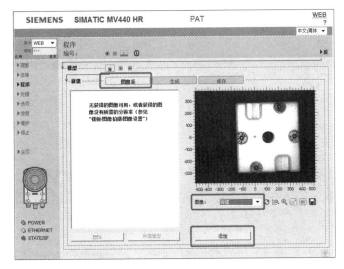

图 6-25　新建图像

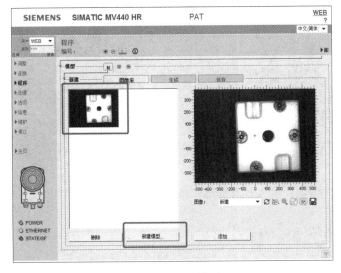

图 6-26　新建模型

输入模型名称，调整模型范围，并单击"生成"按钮，如图 6-27 所示，生成后的模型如图 6-28 所示。

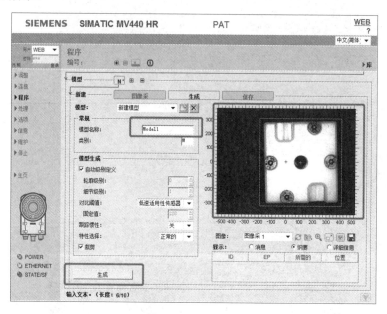

图 6-27　生成模型

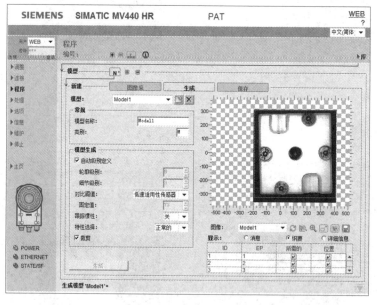

图 6-28　生成后的模型

单击"保存"按钮，进入保存界面，输入名称，并单击"立即保存"按钮，如图 6-29 所示。

在程序栏单击"加号"按钮，新建一个程序，如图 6-30 所示。

选中二维码识别功能，并单击"减号"按钮，执行删除操作，如图 6-31 所示。

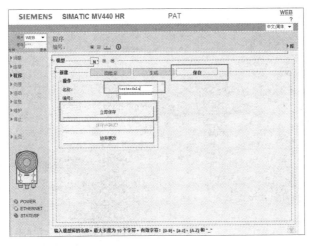

图 6-29　保存模型

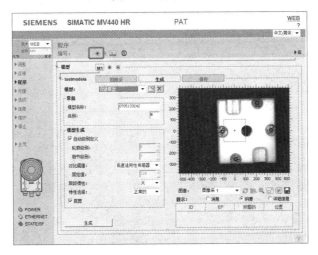

图 6-30　新建程序

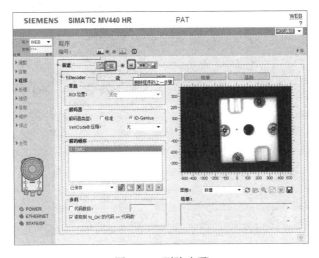

图 6-31　删除步骤

单击"加号"按钮，在打开的快捷菜单中选择"识别对象"命令，添加一个"识别对象"步骤，如图 6-32 所示。

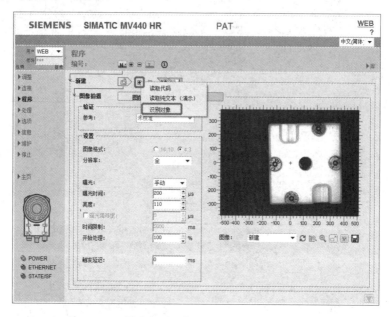

图 6-32　添加识别对象步骤

选择模型库和模型，并调整识别范围，如图 6-33 所示。

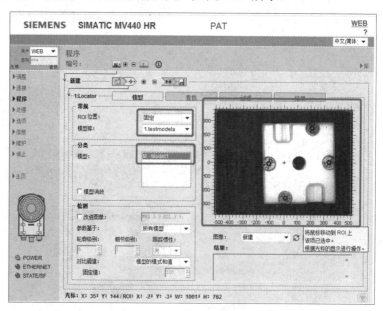

图 6-33　调整识别范围

在查找界面调整旋转角度和识别参数，如图 6-34 所示。

进入结果界面，刷新图像，可在结果栏看到识别结果，图 6-35 所示为识别结果。

将物料旋转一个角度，可以看到如图 6-36 所示的识别结果。

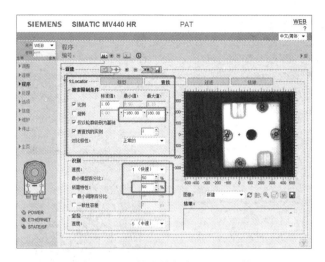

图 6-34 调整旋转角度和识别参数

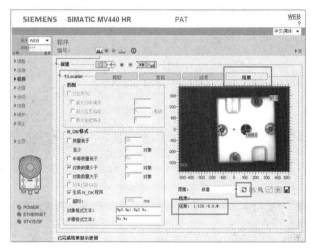

图 6-35 识别结果

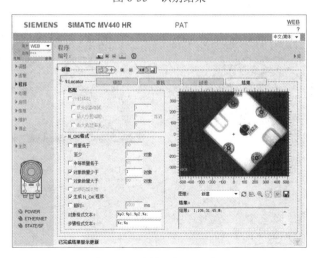

图 6-36 旋转后的识别结果

输入名称，保存程序，如图 6-37 所示。

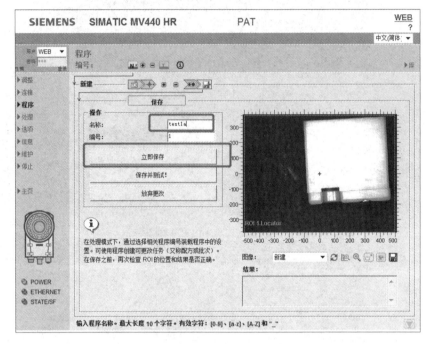

图 6-37　保存程序

将可识别的物料放于识别区域，单击"刷新图像"按钮，触发保存，如图 6-38 所示。保存成功后，可见生成程序编号 1。

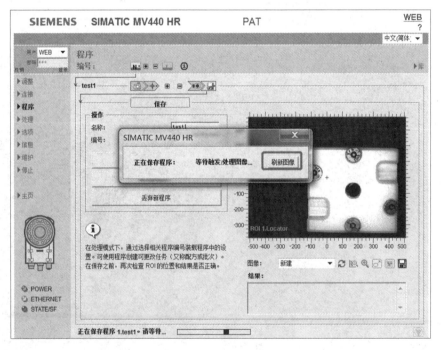

图 6-38　触发保存

步骤 5：建立 PLC 与 MV440 的通信。

修改连接接口模式，在连接界面，选择"PROFINET（Ident 配置文件）"选项，如图 6-39 所示。

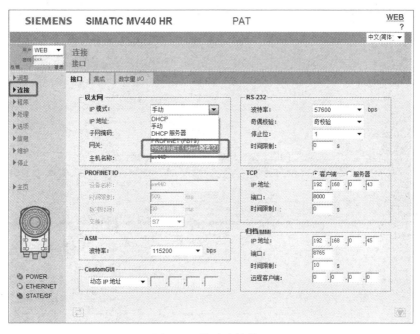

图 6-39 修改连接接口

单击"应用"按钮，读码器会重启，并改变为 PLC 触发运行，如图 6-40 所示。

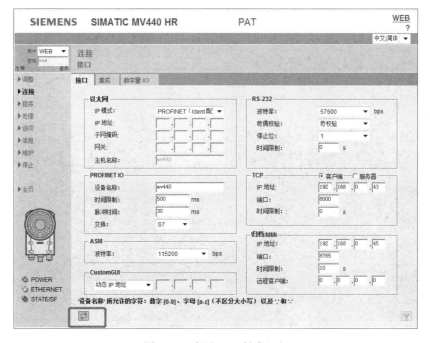

图 6-40 应用 PLC 触发运行

读码器重启后，重新进入连接界面，选择"集成"选项卡，将"光源""字符串""结果""控制"等选项改成"PROFINET IO"，如图 6-41 所示。

图 6-41　集成设置

进入处理界面，单击"启动"按钮，如图 6-42 所示。

图 6-42　启动

步骤 6：使用 S7-1200 PLC 读写 MV440。

首先，打开 TIA 博途软件，新建一个项目并添加 S7-1200 PLC，如图 6-43 所示。

图 6-43　添加 S7-1200 PLC

进入网络视图，在监测与监视栏中的 Ident 系统中选择 MV440 并添加，如图 6-44 所示。

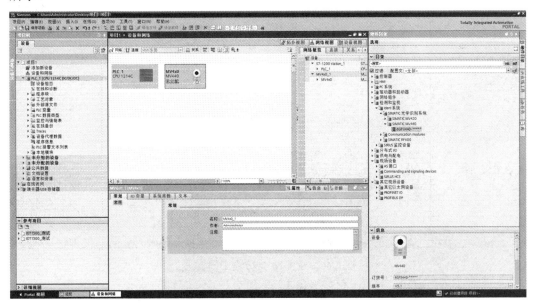

图 6-44　添加 MV440

在 PLC 的网口位置按住鼠标左键并将鼠标拖动至 MV440 的网口上，直到鼠标箭头旁出现连接形状的图标，即完成 MV440 与 PLC 的网络连接，如图 6-45 所示。

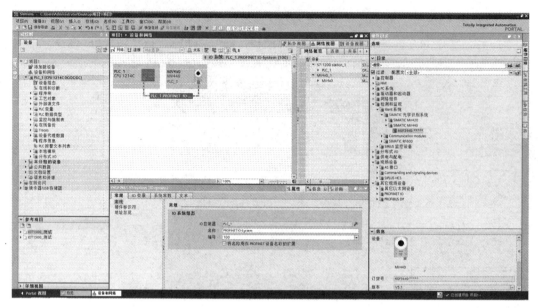

图 6-45　完成 MV440 与 PLC 的网络连接

进入 MV440 的设备视图（在网络视图中双击 MV440 图标），将 MV440 的工作模式设为识别配置文件模式，如图 6-46 所示。

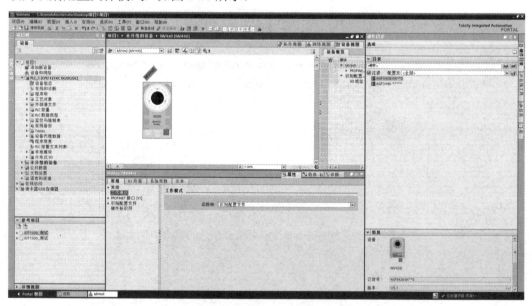

图 6-46　设置 MV440 的工作模式

配置 MV440 的网口（使 MV440 和 PLC 在同一个网段内），如图 6-47 所示。

单击 MV440 图标，分配设备名称，单击"更新列表"按钮，搜索设备，如图 6-48 所示。找到列表后，单击"分配名称"按钮。

双击 MV440 图标，进入 MV440 设备视图，在属性中找到"硬件标识符"选项，记下硬件标识符，如图 6-49 所示。

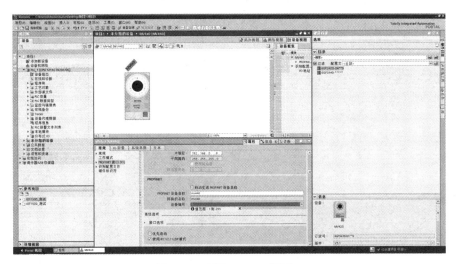

图 6-47　配置 MV440 的网口

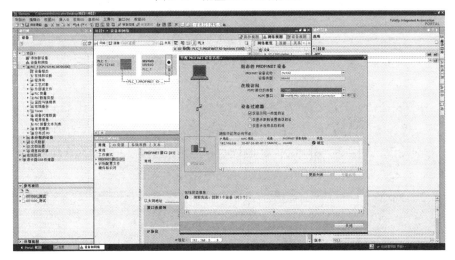

图 6-48　搜索设备

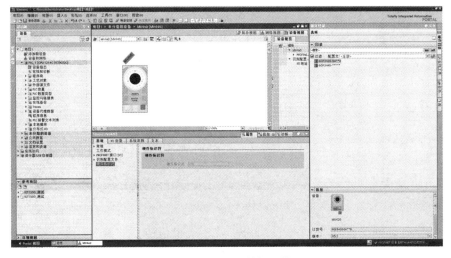

图 6-49　记下硬件标识符

单击设备视图右侧中部的小三角，将 MV440 的设备概览拖出，记下设备 I/O 地址的
首地址，如图 6-50 所示。

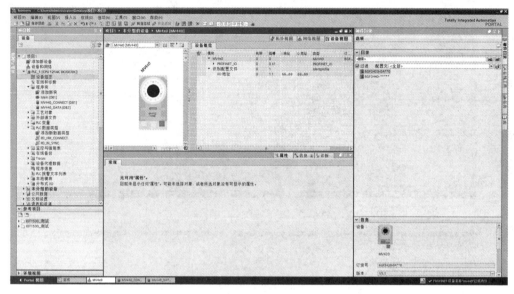

图 6-50　记下设备 I/O 地址的首地址

新建两个数据块，一个用来存储链接参数，另一个用来记录 MV440 识别到的值，
图 6-51 所示为链接参数的块，在 HW_ID 的起始值栏中填写 MV440 的硬件标识符，在
LADDR 的起始值栏中填写 MV440 I/O 地址的首地址。图 6-52 所示为存储 MV440 识别
到的值的块，设置数组类型为 Byte，数组长度根据需求设置。

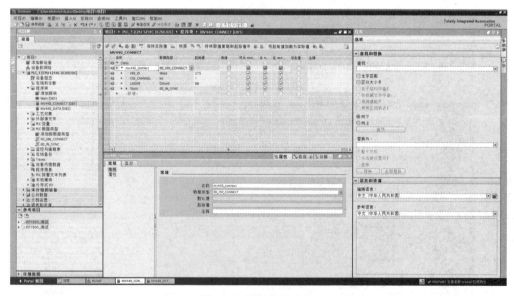

图 6-51　链接参数的块

图 6-53 所示为视觉识别常用的两个块，一个为复位块，另一个为读取块，将数据块
中的 HW_CONNECT 添加到程序。

注意：右侧指令的目录下的 SIMATIC Ident 后的版本选为 V3.0，不同版本的指令对应的引脚参数存在差异。

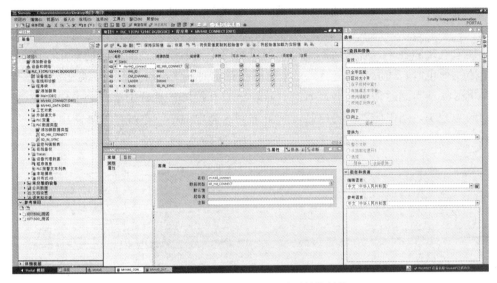

图 6-52 存储 MV440 识别到的值的块

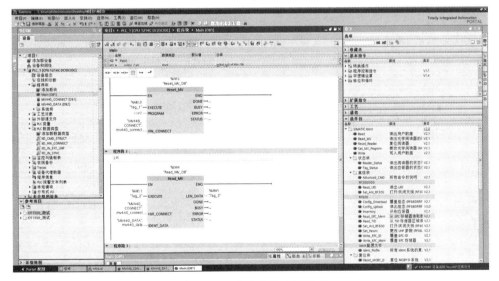

图 6-53 添加复位块和读取块

执行完上述步骤后，进行编译、下载。

◆ 任务实施 ◆

## 任务 6.1 方向调整单元的电气控制系统设计

方向调整单元的电气控制系统设计主要包括方向调整单元的气动原理图设计、PLC 的 I/O 分配、电气原理图设计、关键元器件选型等内容。

### 6.1.1　气动原理图设计

根据方向调整单元的动作要求，设计如图 6-54 所示的气动原理图，气动系统主要由气源、进气开关、分水滤气器、减压阀、电磁换向阀、单向节流阀、气爪、升降气缸、推料气缸和旋转气缸组成。减压阀用于控制减压阀出口压力并保持恒定值，单向节流阀用于调节气爪和各个气缸的运动速度。气爪由两个电磁铁驱动的电磁换向阀控制，当一个电磁铁得电时，气爪夹紧；当另一个电磁铁得电时，气爪松开。为了防止电磁铁损坏，两个电磁铁不得同时得电。升降气缸、推料气缸和旋转气缸分别由一个电磁铁驱动的电磁换向阀控制，当电磁铁不得电时，气缸缩回；当电磁铁得电时，气缸伸出。

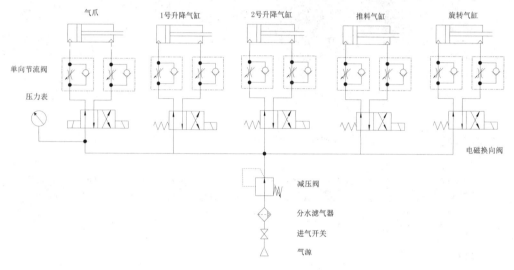

图 6-54　方向调整单元的气动原理图

为了检测气爪和各个气缸的极限位置，在气爪和每个气缸上安装了对应的磁性开关。

### 6.1.2　PLC 的 I/O 分配

根据方向调整单元装置侧的 I/O 分配和工作任务要求，确定 PLC 的 I/O 分配表，如表 6-1 所示。

表 6-1　方向调整单元 PLC 的 I/O 分配表

| 输　　入 | | | 输　　出 | | |
|---|---|---|---|---|---|
| 序号 | PLC 输入 | 信 号 名 称 | 序号 | PLC 输出 | 信 号 名 称 |
| 1 | I0.0 | 联调/单站切换开关 | 1 | Q0.0 | 自动运行指示 |
| 2 | I0.1 | 自动运行按钮 | 2 | Q0.1 | 搬运电机使能 |
| 3 | I0.2 | 单步运行按钮 | 3 | Q0.2 | 1 号升降气缸 |
| 4 | I0.3 | 急停按钮 | 4 | Q0.3 | 旋转气缸 |
| 5 | I0.4 | 上料点物料检测传感器 | 5 | Q0.4 | 2 号升降气缸 |
| 6 | I0.5 | 保留没用 | 6 | Q0.5 | 推料气缸 |
| 7 | I0.6 | 方向旋转点物料检测传感器 | 7 | Q0.6 | 气爪松开线圈 |
| 8 | I0.7 | 出料点物料检测传感器 | 8 | Q0.7 | 气爪夹紧线圈 |

续表

| 输　入 | | | 输　出 | | |
|---|---|---|---|---|---|
| 序号 | PLC 输入 | 信 号 名 称 | 序号 | PLC 输出 | 信 号 名 称 |
| 9 | I1.0 | 1 号升降气缸抬起检测传感器 | | | |
| 10 | I1.1 | 1 号升降气缸落下检测传感器 | | | |
| 11 | I1.2 | 旋转气缸原位检测传感器 | | | |
| 12 | I1.3 | 旋转气缸旋转检测传感器 | | | |
| 13 | I1.4 | 气爪夹紧检测传感器 | | | |
| 14 | I2.0 | 气爪松开检测传感器 | | | |
| 15 | I2.1 | 推料气缸缩回检测传感器 | | | |
| 16 | I2.2 | 推料气缸伸出检测传感器 | | | |
| 17 | I2.3 | 2 号升降气缸抬起检测传感器 | | | |
| 18 | I2.4 | 2 号升降气缸落下检测传感器 | | | |

## 6.1.3　电气原理图设计

根据方向调整单元的控制要求，设计方向调整单元的电气原理图，如图 6-55 所示。

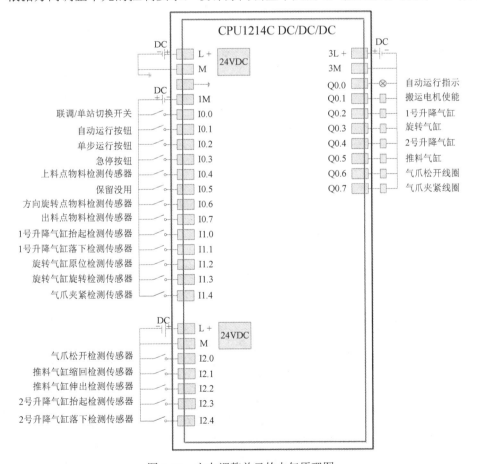

图 6-55　方向调整单元的电气原理图

PLC 的 L+和 M 端子分别接 24V 电源的正极和负极，1M 与 PLC 的输入口形成一个回路，3L+提供 PLC 输出的电源，3M 与 PLC 的输出口形成一个回路。

### 6.1.4 关键元器件选型

结合设计的气动原理图和电气原理图，对关键元器件进行选型，得到如表 6-2 所示的关键元器件清单。

表 6-2 关键元器件清单

| 序号 | 元器件名称 | 型 号 | 数量 | 生产厂家 | 备 注 |
|---|---|---|---|---|---|
| 1 | PLC | S7-1200 系列中的 1214C DC/DC/DC | 1 | 西门子 | |
| 2 | 气爪 | HFY20 | 1 | AIRTAC | |
| 3 | 旋转气缸 | HR02 | 1 | AIRTAC | |
| 4 | 升降气缸 | TR10X50S | 2 | AIRTAC | |
| 5 | 推料气缸 | CDJ2B12-60Z-M9BW-B | 1 | AIRTAC | |
| 6 | 减压阀 | GFR200-08 | 1 | AIRTAC | |
| 7 | 分水滤气器 | GL200-08 | 1 | AIRTAC | |
| 8 | 电磁换向阀（单线圈） | 4V110-M5 | 4 | AIRTAC | |
| 9 | 电磁换向阀（双线圈） | 4V120-M5 | 1 | AIRTAC | |
| 10 | 节流阀 | GRLA QS3 D | 5 | AIRTAC | |
| 11 | 磁性开关 | F-SC32 | 10 | AIRTAC | |
| 12 | 读码器 | MV440 | 1 | 西门子 | |

# 任务 6.2　方向调整单元的机械零部件及电气元器件安装与调试

该任务主要介绍方向调整单元的安装流程，以及机械零部件安装步骤和安装注意事项，在实际安装过程中应做好安装记录。

### 6.2.1 安装流程

方向调整单元的机械零部件及电气元器件的安装流程如图 6-56 所示。安装前，应对所需工具和零部件进行清点，为后续安装做好准备。同时，检查外购件合格证是否齐全并保证合格。首先进行基础平台安装，基础平台安装完成后，为了保证整个工作单元的水平，应对基础平台进行水平检验。其次，按照安装流程分别安装视觉检测组件、方向调整组件和推料组件，在安装过程中，可以结合实际对个别零部件的安装顺序进行调整。机械零部件安装完成后，在规定位置安装电气元器件并固定。最后进行机械零部件及电气元器件安装后的初步调试和检验。

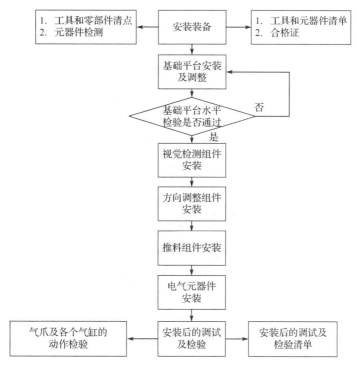

图 6-56 方向调整单元的机械零部件及电气元器件的安装流程

## 6.2.2 机械零部件安装步骤

机械零部件安装步骤如表 6-3 所示,可供实物安装做参考。

表 6-3 机械零部件安装步骤

| 步 骤 | 内 容 | 示 意 图 | 备 注 |
|---|---|---|---|
| 1 | 基础平台安装及调整 | | 应保证基础平台保持水平状态 |
| 2 | 视觉检测组件安装 | | |

| 步　骤 | 内　容 | 示　意　图 | 备　注 |
|---|---|---|---|
| 3 | 方向调整组件安装 | 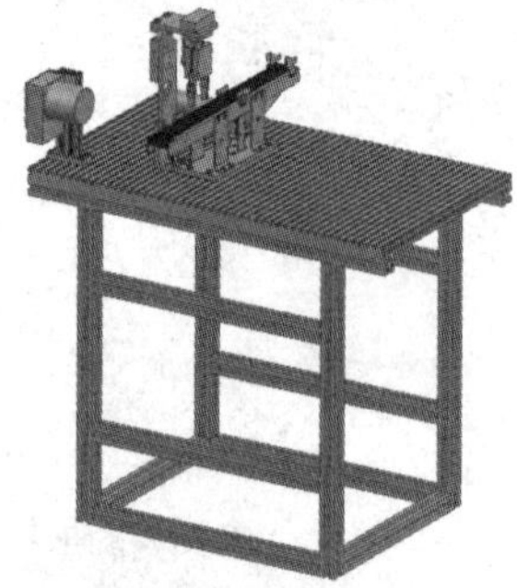 | |
| 4 | 推料组件安装 | 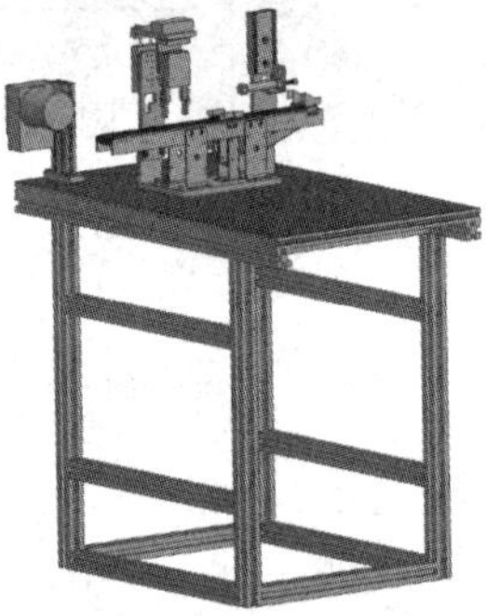 | |
| 5 | 剩余组件安装及调整 | 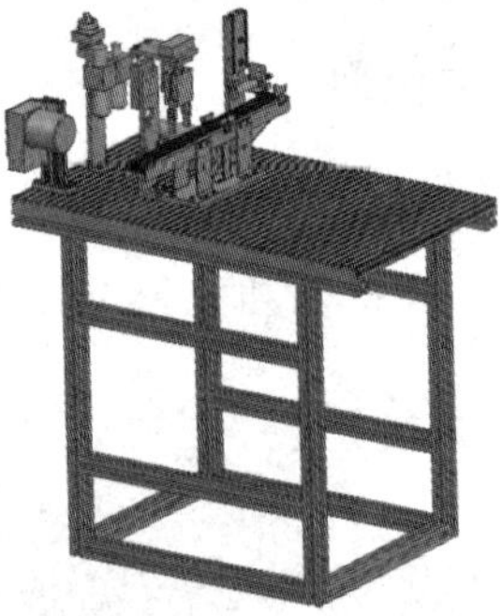 | |

### 6.2.3　安装注意事项、相应表格及记录

安装注意事项、相应表格及记录与主件供料单元的相关内容基本相同，请在项目 3 中查阅相关内容。

## 任务 6.3　方向调整单元的电气接线及编程调试

该任务主要包括方向调整单元的气路连接、电气接线、初步手动调试、编程与调试等内容。

### 6.3.1　气路连接、电气接线及初步手动调试

在后续电气联调前，应进行气路连接和电气接线，完成后应通过手动调试的方式保

证气路连接和电气接线符合方向调整单元的气动原理图、电气原理图的要求和动作要求，其基本步骤与主件供料单元的相关步骤基本相同。

### 6.3.2 编程与调试

1）编程思路

PLC上电后应首先进入初始状态校核阶段，确认系统已经准备就绪后，才允许接收启动信号投入运行。下面只对动作过程步进顺序控制及状态显示部分的编程思路加以说明。

根据方向调整单元的工作流程和动作顺序，画出如图 6-57 所示的方向调整单元顺序功能图，再根据方向调整单元顺序功能图编写如表 6-4 所示的相关程序。

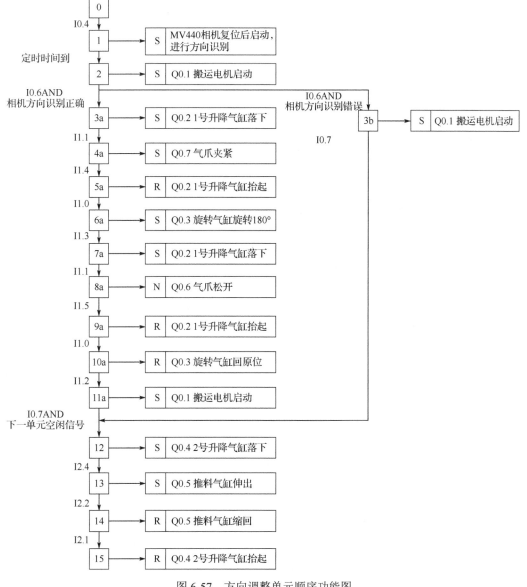

图 6-57 方向调整单元顺序功能图

表 6-4　方向调整单元动作关键程序

| 步　骤 | 说　明 | 程　序 |
|---|---|---|
| 初始化 | 初始化状态下，搬运电机停止，所有气缸全部复位，气爪松开，复位中间变量，初始化复位后，置位"第一步" | 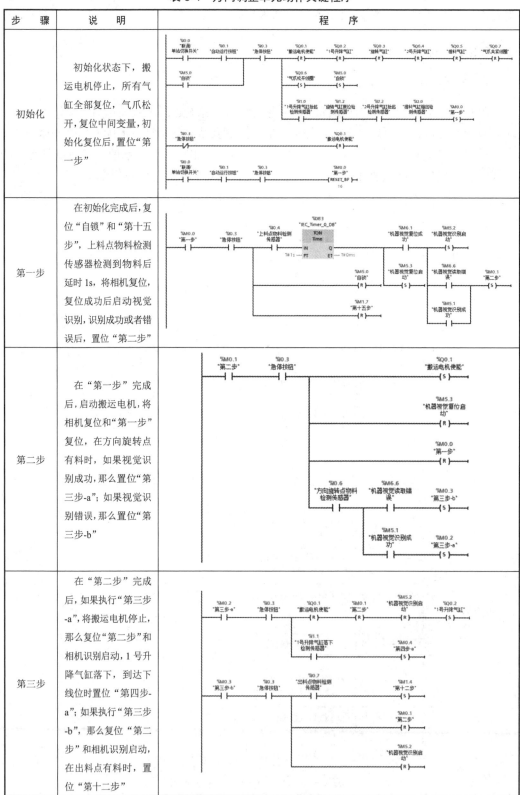 |
| 第一步 | 在初始化完成后，复位"自锁"和"第十五步"，上料点物料检测传感器检测到物料后延时 1s，将相机复位，复位成功后启动视觉识别，识别成功或者错误后，置位"第二步" | |
| 第二步 | 在"第一步"完成后，启动搬运电机，将相机复位和"第一步"复位，在方向旋转点有料时，如果视觉识别成功，那么置位"第三步-a"；如果视觉识别错误，那么置位"第三步-b" | |
| 第三步 | 在"第二步"完成后，如果执行"第三步-a"，将搬运电机停止，那么复位"第二步"和相机识别启动，1 号升降气缸落下，到达下线位时置位"第四步-a"；如果执行"第三步-b"，那么复位"第二步"和相机识别启动，在出料点有料时，置位"第十二步" | |

146

续表

| 步骤 | 说明 | 程序 |
|---|---|---|
| 第四步 | 在"第三步-a"完成后，气爪夹紧，复位"第三步-a"，气爪夹紧后，置位"第五步-a" | %M0.4 "第四步-a" — %I0.3 "急停按钮" — %Q0.7 "气爪夹紧线圈" (S)；%Q0.6 "气爪松开线圈" (R)；%M0.2 "第三步-a" (R)；%I1.4 "气爪夹紧检测传感器" — %M0.5 "第五步-a" (S) |
| 第五步 | 在"第四步-a"完成后，1号升降气缸抬起，复位"第四步-a"，1号升降气缸抬起后，置位"第六步-a" | %M0.5 "第五步-a" — %I0.3 "急停按钮" — %Q0.2 "1号升降气缸" (R)；%M0.4 "第四步-a" (R)；%I1.0 "1号升降气缸抬起检测传感器" — %M0.6 "第六步-a" (S) |
| 第六步 | 在"第五步-a"完成后，旋转气缸旋转，复位"第五步-a"，旋转气缸旋转后，置位"第七步-a" | %M0.6 "第六步-a" — %I0.3 "急停按钮" — %Q0.3 "旋转气缸" (S)；%M0.5 "第五步-a" (R)；%I1.3 "旋转气缸旋转检测传感器" — %M0.7 "第七步-a" (S) |
| 第七步 | 在"第六步-a"完成后，1号升降气缸落下，复位"第六步-a"，1号升降气缸落下后，置位"第八步-a" | %M0.7 "第七步-a" — %I0.3 "急停按钮" — %Q0.2 "1号升降气缸" (S)；%M0.6 "第六步-a" (R)；%I1.1 "1号升降气缸落下检测传感器" — %M1.0 "第八步-a" (S) |

续表

| 步　骤 | 说　明 | 程　序 |
|---|---|---|
| 第八步 | 在"第七步-a"完成后，气爪松开，复位"第七步-a"，气爪松开后，置位"第九步-a" | %M1.0 "第八步" —┤├— %I0.3 "急停按钮" —┤├— %Q0.6 "气爪松开线圈" —(S)—<br><br>%Q0.7 "气爪夹紧线圈" —(R)—<br><br>%M0.7 "第七步-a" —(R)—<br><br>%M1.5 "气爪松开检测传感器" —┤├— %M1.1 "第九步-a" —(S)— |
| 第九步 | 在"第八步-a"完成后，1 号升降气缸抬起，复位"第八步-a"，1 号升降气缸抬起后，置位"第十步-a" | %M1.1 "第九步-a" —┤├— %I0.3 "急停按钮" —┤├— %Q0.2 "1号升降气缸" —(R)—<br><br>%M1.0 "第八步-a" —(R)—<br><br>%I1.0 "1号升降气缸抬起检测传感器" —┤├— %M1.2 "第十步-a" —(S)— |
| 第十步 | 在"第九步-a"完成后，旋转气缸回原位，复位"第九步-a"，旋转气缸回原位完成后，置位"第十一步-a" | %M1.2 "第十步-a" —┤├— %I0.3 "急停按钮" —┤├— %Q0.3 "旋转气缸" —(R)—<br><br>%M1.1 "第九步-a" —(R)—<br><br>%I1.2 "旋转气缸原位检测传感器" —┤├— %M1.3 "第十一步-a" —(S)— |
| 第十一步 | 在"第十步-a"完成后，搬运电机使能，复位"第十步-a"，在出料点有料时，置位"第十二步" | %M1.3 "第十一步-a" —┤├— %I0.3 "急停按钮" —┤├— %Q0.1 "搬运电机使能" —(S)—<br><br>%M1.2 "第十步-a" —(R)—<br><br>%I0.7 "出料点物料检测传感器" —┤├— %M1.4 "第十二步" —(S)— |

续表

| 步　骤 | 说　明 | 程　序 |
|---|---|---|
| 第十二步 | 在"第三步-b"或"第十一步-a"完成后,延时 1.3s,然后搬运电机停止,2 号升降气缸落下,复位"第三步-b"和"第十一步-a",2 号升降气缸落下后,置位"第十三步" | %M1.4"第十二步" / %Q0.3"急停按钮" / %DB4 "IEC_Timer_0_DB_1" TON Time IN Q PT ET T#1.3s — T#0ms / %Q0.4"2号升降气缸"(S) / %M0.3"第三步-b"(R) / %M1.3"第十一步-a"(R) / %Q0.1"搬运电机使能"(R) / %I2.3"2号升降气缸落下检测传感器" %M1.5"第十三步"(S) |
| 第十三步 | 在"第十二步"完成后,推料气缸伸出,复位"第十二步",推料气缸伸出后,置位"第十四步" | %M1.5"第十三步" / %Q0.3"急停按钮" / %Q0.5"推料气缸"(S) / %M1.4"第十二步"(R) / %I2.1"推料气缸伸出检测传感器" %M1.6"第十四步"(S) |
| 第十四步 | 在"第十三步"完成后,推料气缸缩回,复位"第十三步",推料气缸缩回后,置位"第十五步" | %M1.6"第十四步" / %Q0.3"急停按钮" / %Q0.5"推料气缸"(R) / %M1.5"第十三步"(R) / %I2.0"推料气缸缩回检测传感器" %M1.7"第十五步"(S) |
| 第十五步 | 在"第十四步"完成后,2 号升降气缸抬起,复位"第十四步",2 号升降气缸抬起后,置位"第一步",实现程序循环 | %M1.7"第十五步" / %Q0.3"急停按钮" / %Q0.4"2号升降气缸"(R) / %M1.6"第十四步"(R) / %I2.2"2号升降气缸抬起检测传感器" %M0.0"第一步"(S) |

2）下载调试

完成程序编写后，将程序下载至PLC，观察方向调整单元的实际运行情况，并根据实际运行情况不断修改调试。在调试过程中，需要综合调整机械、气动、电气和程序等内容，不断反复，直至满足要求为止。

如果在调试过程中遇到问题，那么请尝试从以下几个方面进行检查。

（1）检查气动部分，检查气路是否正确、气压是否合理、气缸的动作速度是否合理。

（2）检查磁性开关的安装位置是否合适，磁性开关工作是否正常。

（3）检查I/O接线是否正确。

（4）检查传感器的安装是否合理、参数设定是否合适，保证检测的可靠性。

（5）调试各种可能出现的情况，例如，在上料点供料不足的情况下，系统能否可靠工作、能否满足控制要求。

（6）优化程序。

## 项目测评

请以小组为单位完成方向调整单元的安装与调试，完成后将小组成员按照贡献大小进行排序，由指导老师结合表6-5所示的项目测评表和小组成员贡献大小对小组成员进行评分。

表6-5　项目测评表

| 测评项目 | | 详细要求 | 配分 | 得分 | 评判性质 |
|---|---|---|---|---|---|
| 职业素质 | 安全操作 | 出现带电插拔编程线、信号线、电源线、通信线等行为，每次扣2分 | 2 | | 主观 |
| | 设备、工具仪器操作规范 | 出现过度用力或用不合适的工具敲打、撞击设备等行为，每处扣1分 | 2 | | 主观 |
| | 6S管理 | （1）在工作过程中，将剥落的导线皮、线头、纸屑等放置于设备台面上，每处扣0.5分。（2）任务完成后，将工具、不用的导线及其他耗材物品放置于工作台，地面不整洁，桌凳等未按规定位置放好，每处扣0.5分。以上内容扣完为止 | 2 | | |
| | 穿戴规范 | 穿着工作服、绝缘工作鞋及必需的人身防护用品，不符合规定的每处扣0.5分，扣完为止 | 2 | | |
| | 工作纪律、文明礼貌 | 团队有分工有合作，遵守工作纪律，尊重教师和工作人员，文明礼貌等。违反规定的每处扣0.5分，扣完为止 | 2 | | 主观 |
| | 知识产权 | 出现抄袭情况，全部成绩同时记0分 | | | |
| 机械、电气安装与调试 | 机械安装 | （1）机械结构安装不到位，每处扣0.5分。（2）拧紧力矩不符合要求，每处扣0.5分。（3）漏装、错装等，每处扣0.5分。以上内容扣完为止 | 20 | | |

续表

| 测评项目 | | 详细要求 | 配分 | 得分 | 评判性质 |
|---|---|---|---|---|---|
| 机械、电气安装与调试 | 电气安装 | （1）接线错误，每处扣 0.5 分。<br>（2）导线进入走线槽时，每个进线口的导线不得超过 6 根，分布合理、整齐，单根导线直接进入走线槽且不交叉，否则每处扣 0.1 分。<br>（3）每根导线对应一位接线端子，且用线鼻子压牢，否则每处扣 0.1 分。<br>（4）在端子进线部分，每根导线必须都套用号码管，每个号码管必须都进行正确编号，否则每处扣 0.1 分。<br>（5）扎带捆扎间距为 50～80mm，且同一条线路上的捆扎间隔应相同，否则每处扣 0.1 分。<br>（6）扎带切割不能余留太长，必须小于 1mm 且不能割手，否则每处扣 0.1 分。<br>（7）接线端子金属裸露长度不超过 2mm，否则每处扣 0.1 分。<br>以上内容扣完为止 | 20 | | |
| | 气动系统连接 | （1）气路连接错误，每处扣 0.5 分。<br>（2）发生漏气现象，每处扣 0.2 分。<br>（3）调试时压力不足，每处扣 0.2 分。<br>以上内容扣完为止 | 10 | | |
| 编程调试及优化 | 编程调试 | 根据动作未完成情况进行扣分 | 30 | | |
| | 程序优化 | 程序逻辑结构应合理、清晰，便于理解和阅读，视情况扣分 | 10 | | 主观 |

## 思考练习及知识拓展

（1）在调试过程中，遇到的问题有哪些？可能的原因有哪些？如何解决？

（2）请在自动运行程序的基础上编写单步运行程序并进行调试。

## 思政元素及职业素养元素

（1）工匠精神。

在安装与调试过程中，务必养成认真负责的工作态度、一丝不苟的工作作风和敬业、精益、专注的工匠精神；爱护每一台实训实验设备，严格按照流程图规定的顺序进行拆装；现场做到 6S 管理，按规定次序摆放各类零部件、工具和量具；课后及时清理工作场地。

（2）安全生产。

在安装与调试过程中，务必注意安全生产，坚决禁止带电拆装设备，杜绝一切安全事故的发生；离开现场前，必须关闭窗户和电源。

（3）团队合作。

安装与调试内容较多，相对比较复杂，建议组建实践团队，团队成员既有分工又有合作，共同完成该任务。

（4）专业技术文献检索。

自动化生产线设计的机械零部件和电气元器件较多，要善于结合铭牌检索其相关资料，如样本、产品说明书等，在此基础上进行自主学习并掌握其工作原理和基本使用方法。

# 项目 7  产品组装单元的安装与调试

## 项目描述

按照产品组装单元的要求，在规定时间内完成机械零部件及电气元器件的安装、气路连接、电气系统接线、PLC 程序设计和调试等内容。

## 知识技能及素养目标

（1）熟悉产品组装单元的基本功能。

（2）熟悉机械零部件及电气元器件，并能完成其安装与调试。

（3）能根据气动原理图完成气路连接。

（4）能根据电气原理图完成电气系统的硬件连接和调试。

（5）能结合产品组装单元的控制要求完成 PLC 编程和调试。

（6）能对产品组装单元的常见故障及时进行排除。

（7）培养勤思考、多动手的习惯。

（8）培养认真负责的工作态度、一丝不苟的工作作风和敬业、精益、专注的工匠精神。

◆ 知识准备 ◆

### 1. 产品组装单元认知

产品组装单元是自动化生产线系统的第五个工作单元，主要用于实现推杆装配和顶丝装配。

1）产品组装单元的结构组成

产品组装单元的基本结构如图 7-1 所示。产品组装单元主要由基础平台（图中未标明）、无杆气缸输送组件、推杆装配组件、顶丝装配组件和电气元器件等组成。

（1）基础平台。

基础平台的作用主要是为其他元器件提供安装接口及支撑，在安装过程中应尽可能保持水平状态。基础平台上预制了铝制 T 形槽，方便其他元器件的安装。

（2）无杆气缸输送组件。

无杆气缸输送组件由上料点物料检测传感器、定位气缸、无杆气缸模组、定位气缸伸出检测传感器、定位气缸缩回检测传感器、连接件及固定螺钉等组成。无杆气缸输送组件主要用于输送物料并对物料进行定位以便装配。

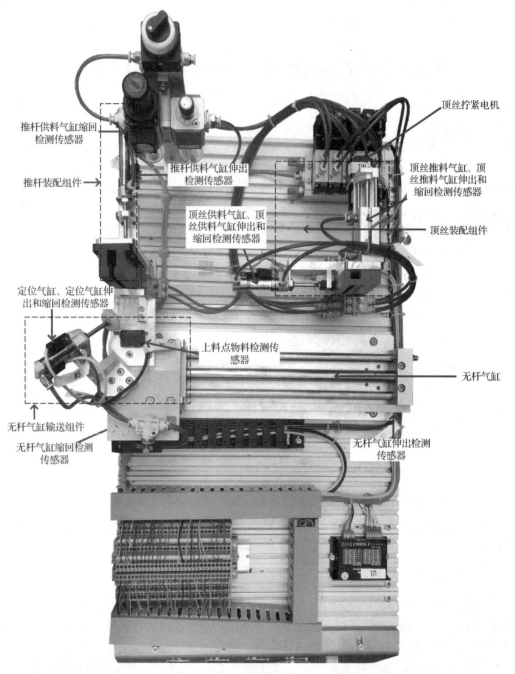

图 7-1  产品组装单元的基本结构

（3）推杆装配组件。

推杆装配组件由推杆供料槽、推杆供料气缸、推杆供料气缸伸出检测传感器、推杆供料气缸缩回检测传感器、连接件及固定螺钉等组成。推杆装配组件主要用于实现推杆装配。

（4）顶丝装配组件。

顶丝装配组件由顶丝供料槽、顶丝供料气缸、顶丝推料气缸、顶丝供料气缸伸出检测传感器、顶丝供料气缸缩回检测传感器、顶丝推料气缸伸出检测传感器、顶丝推料气缸缩回检测传感器、顶丝拧紧电机、连接件及固定螺钉等组成。顶丝装配组件主要用于实现顶丝装配。

（5）电气元器件。

产品组装单元涉及的主要电气元器件有 PLC、断路器、接线端子排、传感器和开关等，以上元器件可以结合接线和编程用于实现对产品组装单元的综合控制。

2）产品组装单元控制要求及动作流程

产品组装单元的控制要求及动作流程如图 7-2 所示。

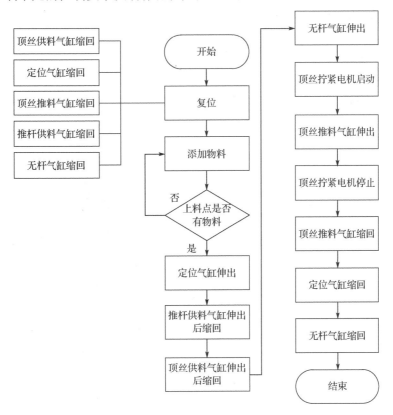

图 7-2 产品组装单元的控制要求及动作流程

系统初始化，初始化完成后设备处于初始状态。物料由前一单元推料气缸推送到上料点物料检测传感器处，当物料检测传感器检测到物料时，定位气缸将物料固定，推杆供料气缸缩回。推杆从推杆供料槽落下，完成推杆的供料，推杆供料气缸伸出，将推杆推入物料的开孔中，实现推杆的装配。当推杆装配完后，顶丝供料气缸缩回，顶丝从顶丝供料槽落下，顶丝供料气缸伸出，完成顶丝装配的供料。无杆气缸伸出，带动无杆气缸输送组件向右移动，顶丝拧紧电机启动，电机启动后，顶丝推料气缸伸出，从而实现顶丝的装配。当顶丝装配完成后，顶丝拧紧电机停止运转，顶丝推料气缸缩回，定位气缸将物料松开。定位气缸缩回，将物料松开后给下一个工作单元发送完成信号，当下一个工作单元夹取物料离开上料点物料检测传感器后，无杆气缸缩回，带动无杆气缸输送组件回到初始位置。

### 2．RFID 技术

无线射频识别即射频识别（Radio Frequency Identification，RFID）技术是自动识别技术的一种，通过无线射频方式进行非接触双向数据通信，利用无线射频方式对记录媒体（电子标签或射频卡）进行读写，从而达到识别目标和交换数据的目的，目前在自动化生产线中得到了广泛应用。

RFID 系统由阅读器（Reader）、电子标签（Tag）和数据管理系统 3 部分组成。RFID 技术的基本工作原理：标签进入阅读器后，接收阅读器发出的射频信号，凭借感应电流所获得的能量发送出存储在芯片中的产品信息（Passive Tag，无源标签或被动标签），或者由标签主动发送某一频率的信号（Active Tag，有源标签或主动标签），阅读器读取信息并解码后，将其送至中央信息系统进行有关数据处理。

RFID 系统型号较多，这里主要介绍西门子 SIMATIC RF300 阅读器及使用 S7-1200 PLC 读取 RF300 阅读器的方法。

1）设备连接

图 7-3 所示为设备连接拓扑结构，RF180C 是通信模块，最多可同时操作两个阅读器。

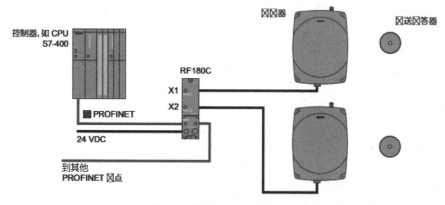

图 7-3　设备连接拓扑结构

RF180C 的电源连接如图 7-4 所示，1 端口接阅读器电源 1L+的正极，2 端口接阅读器电源的接地 1M，3 端口接负载电压电源 2L+的正极，4 端口接负载电压电源的接地 2M。

2）使用 S7-1200 PLC 读取 RF300 阅读器

（1）组态。

首先在 TIA 博途软件中新建一个项目，并添加一个 S7-1200 PLC。然后进入网络视图，在其他现场设备/PRIFINET IO/IDENT SYSYTEM 下添加一个 RF180C V2.2，如图 7-5 所示，将 PLC 和 RF180C 的网口用线连接起来。

双击"RF180C"模块可以查看模块参数，User Mode 选择"RFID standard profile"选项，MOBY Mode 选择"RF200/RF300/RF600…"选项，如图 7-6 所示。

| 插拔式电缆连接器（1L+ 和 2L+ 电源电压）的视图 | 端子 | 分配 |
|---|---|---|
| | X01 DC 24 V（用于馈电） | |
| | X02 24 VDC（用于环接） | |
| | 1 | 电子器件/编码器电源 1L+ 接地 |
| | 2 | 电子器件/编码器电源的接地 1M |
| | 3 | 负载电压电源 2L+ |
| | 4 | 负载电压电源的接地 2M |
| | 5 | 功能性接地 (PE) |

图 7-4　RF180C 的电源连接

图 7-5　添加 RF180C V2.2

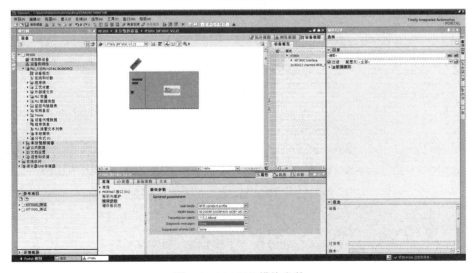

图 7-6　RF180C 模块参数

157

查看并记下设备标识符，供后续编程使用。修改设备名称和 IP 地址，如图 7-7 所示。

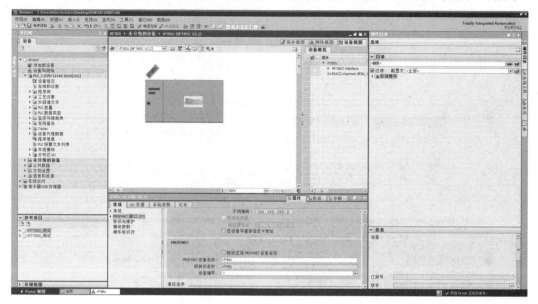

图 7-7　修改设备名称和 IP 地址

选中模块下的"2xRS422 channels RFID_1"选项，先将输入地址和输出地址的起始地址改为同一个值，如图 7-8 所示，然后组态下载。

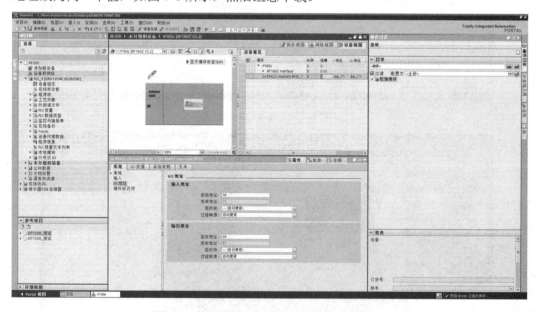

图 7-8　输入地址和输出地址的起始地址统一

（2）编程。

在主程序中拖入一个 Reset_RF300 块和 Read 块，如图 7-9 所示。

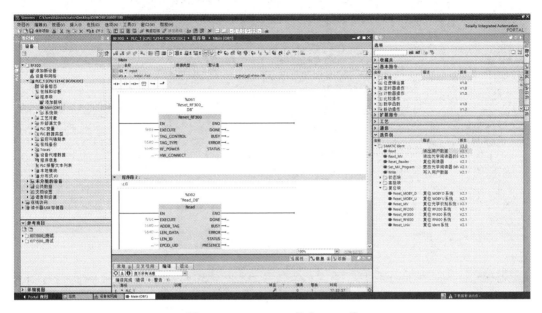

图 7-9　Reset_RF300 块和 Read 块

新建一个 DB 块，先在 DB 块中新建一个 IID_HW_CONNECT 类型的变量结构。HW_ID 为硬件标识符，LADDR 为输入、输出起始地址，如图 7-10 所示，然后编译下载。

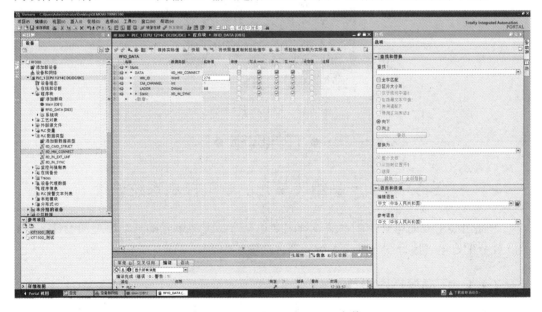

图 7-10　IID_HW_CONNECT 参数

若设备 IP 地址不符，则可再次为 RF180C 分配 IP 地址，如图 7-11 所示。

将贴有标签的物料置于读写器上方，可见读写器指示灯变为橙色，即进入读写状态，如图 7-12 所示。

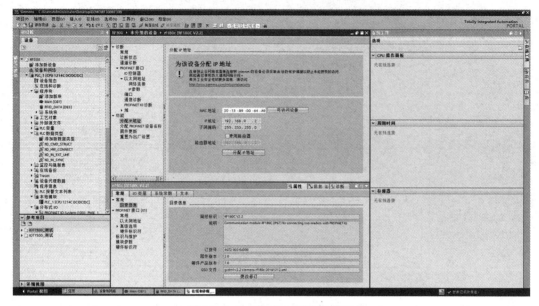

图 7-11　为 RF180C 分配 IP 地址

图 7-12　RFID 实验测试

◆ 任务实施 ◆

## 任务 7.1　产品组装单元的电气控制系统设计

产品组装单元的电气控制系统设计主要包括产品组装单元的气动原理图设计、PLC 的 I/O 分配、电气原理图设计、关键元器件选型等内容。

### 7.1.1　气动原理图设计

根据产品组装单元的动作要求，设计如图 7-13 所示的气动原理图，气动系统主要由气源、进气开关、分水滤气器、减压阀、电磁换向阀、单向节流阀、顶丝推料气缸、顶丝供料气缸、定位气缸、无杆气缸和推杆供料气缸组成。减压阀用于控制减压阀出口压力并保持恒定值，单向节流阀用于调节各个气缸的运动速度。顶丝推料气缸由两个电磁铁驱动的二位五通电磁换向阀控制，当一个电磁铁得电时，顶丝推料气缸右移；当另一个电磁铁得电时，顶丝推料气缸左移。为了防止电磁铁损坏，两个电磁铁不得同时得电。

推杆供料气缸、定位气缸、顶丝供料气缸和无杆气缸分别由一个电磁铁驱动的电磁换向阀控制，当电磁铁不得电时，气缸缩回；当电磁铁得电时，气缸伸出。

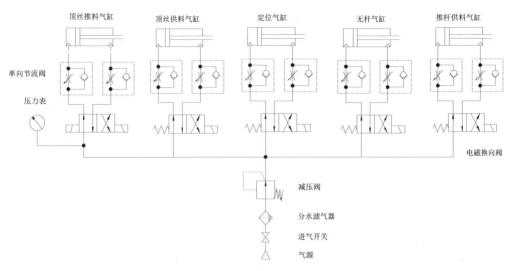

图 7-13    产品组装单元的气动原理图

为了检测各个气缸的极限位置，在每个气缸上安装了对应的磁性开关。

## 7.1.2    PLC 的 I/O 分配

根据产品组装单元装置侧的 I/O 分配和工作任务要求，确定 PLC 的 I/O 分配表，如表 7-1 所示。

表 7-1    产品组装单元 PLC 的 I/O 分配表

| 输　　入 | | | 输　　出 | | |
|---|---|---|---|---|---|
| 序号 | PLC 输入 | 信 号 名 称 | 序号 | PLC 输出 | 信 号 名 称 |
| 1 | I0.0 | 联调/单站切换开关 | 1 | Q0.0 | 自动运行指示 |
| 2 | I0.1 | 自动运行按钮 | 2 | Q0.1 | 顶丝拧紧电机使能 |
| 3 | I0.2 | 单步运行按钮 | 3 | Q0.2 | 推杆供料气缸 |
| 4 | I0.3 | 急停按钮 | 4 | Q0.3 | 定位气缸 |
| 5 | I0.4 | 上料点物料检测传感器 | 5 | Q0.4 | 顶丝供料气缸 |
| 6 | I0.5 | 推杆供料气缸缩回检测传感器 | 6 | Q0.5 | 顶丝推料气缸伸出线圈 |
| 7 | I0.6 | 推杆供料气缸伸出检测传感器 | 7 | Q0.6 | 顶丝推料气缸缩回线圈 |
| 8 | I0.7 | 定位气缸缩回检测传感器 | 8 | Q0.7 | 无杆气缸 |
| 9 | I1.0 | 定位气缸伸出检测传感器 | | | |
| 10 | I1.1 | 顶丝供料气缸缩回检测传感器 | | | |
| 11 | I1.2 | 顶丝供料气缸伸出检测传感器 | | | |
| 12 | I1.3 | 顶丝推料气缸缩回检测传感器 | | | |
| 13 | I1.4 | 顶丝推料气缸伸出检测传感器 | | | |
| 14 | I2.0 | 无杆气缸缩回检测传感器 | | | |
| 15 | I2.1 | 无杆气缸伸出检测传感器 | | | |

### 7.1.3 电气原理图设计

根据产品组装单元的控制要求，设计产品组装单元的电气原理图，如图 7-14 所示。

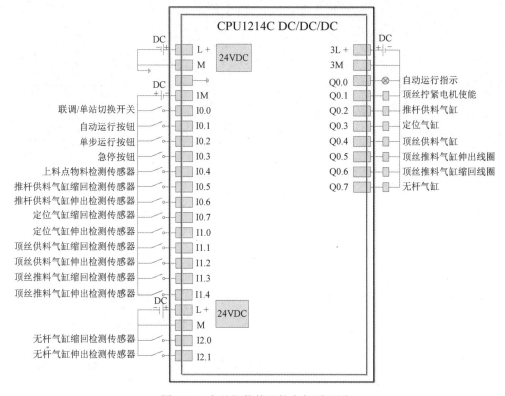

图 7-14　产品组装单元的电气原理图

PLC 的 L+和 M 端子分别接 24V 电源的正极和负极，1M 与 PLC 的输入口形成一个回路，3L+提供 PLC 输出的电源，3M 与 PLC 的输出口形成一个回路。

顶丝拧紧电机属于步进电机，其接线图请参考项目 5 中的相关内容。

### 7.1.4 关键元器件选型

结合设计的气动原理图和电气原理图，对关键元器件进行选型，得到如表 7-2 所示的关键元器件清单。

表 7-2　关键元器件清单

| 序号 | 元器件名称 | 型　号 | 数量 | 生产厂家 | 备　注 |
|---|---|---|---|---|---|
| 1 | PLC | S7-1200 系列中的 1214C DC/DC/DC | 1 | 西门子 | |
| 2 | 推杆供料气缸 | CDJ2B12-60Z-M9BW-B | 1 | AIRTAC | |
| 3 | 定位气缸 | CDJ2B12-60Z-M9BW-B | 1 | AIRTAC | |
| 4 | 顶丝供料气缸 | CDJ2B12-60Z-M9BW-B | 1 | AIRTAC | |
| 5 | 顶丝推料气缸 | TACQ12X30S | 1 | AIRTAC | |
| 6 | 无杆气缸 | 30-D-T | 1 | AIRTAC | |
| 7 | 减压阀 | GFR200-08 | 1 | AIRTAC | |

续表

| 序号 | 元器件名称 | 型　号 | 数量 | 生 产 厂 家 | 备　注 |
|------|-----------|--------|------|-----------|--------|
| 8 | 分水滤气器 | GL200-08 | 1 | AIRTAC | |
| 9 | 电磁换向阀（单线圈） | 4V110-M5 | 4 | AIRTAC | |
| 10 | 电磁换向阀（双线圈） | 4V120-M5 | 1 | AIRTAC | |
| 11 | 节流阀 | GRLA –QS3-D | 5 | AIRTAC | |
| 12 | 磁性开关 | F-SC32 | 10 | AIRTAC | |
| 13 | 步进电机 | 28HS2806A4XG | 1 | SUMTOR | |
| 14 | 步进电机驱动器 | M415B | 1 | 深圳美蓓亚斯科技 | |

# 任务 7.2    产品组装单元的机械零部件及电气元器件安装与调试

该任务主要介绍产品组装单元的安装流程、机械零部件安装步骤和安装注意事项，在实际安装过程中应做好安装记录。

## 7.2.1    安装流程

产品组装单元的机械零部件及电气元器件的安装流程如图 7-15 所示。安装前，应对所需工具和零部件进行清点，为后续安装做好准备。同时，检查外购件合格证是否齐全，并保证合格。首先进行基础平台安装，基础平台安装完成后，为了保证整个工作单元的水平，应对基础平台进行水平检验。其次，按照安装流程分别安装无杆气缸输送组件、推杆装配组件和顶丝装配组件，在安装过程中，可以结合实际对个别零部件的安装顺序进行调整。机械零部件安装完成后，在规定位置安装电气元器件并固定。最后进行机械零部件及电气元器件安装后的初步调试和检验。

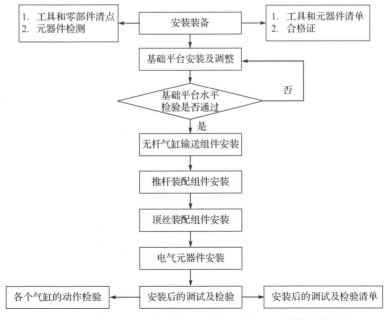

图 7-15    产品组装单元的机械零部件及电气元器件的安装流程

### 7.2.2 机械零部件安装步骤

机械零部件安装步骤如表 7-3 所示，可供实物安装做参考。

表 7-3 机械零部件安装步骤

| 步 骤 | 内 容 | 示 意 图 | 备 注 |
|---|---|---|---|
| 1 | 基础平台安装及调整 |  | 应保证基础平台保持水平状态 |
| 2 | 无杆气缸输送组件安装 | 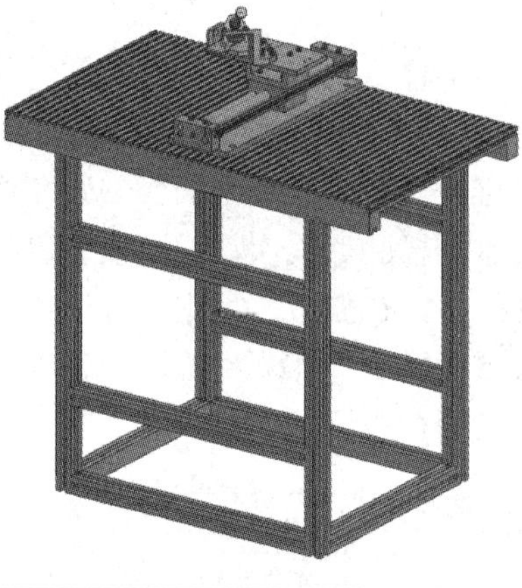 | |
| 3 | 推杆装配组件安装 | 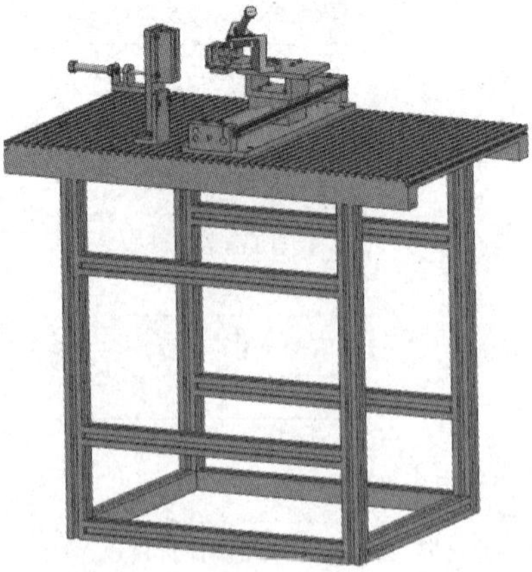 | |

续表

| 步　骤 | 内　容 | 示　意　图 | 备　注 |
|---|---|---|---|
| 4 | 顶丝装配组件安装 | 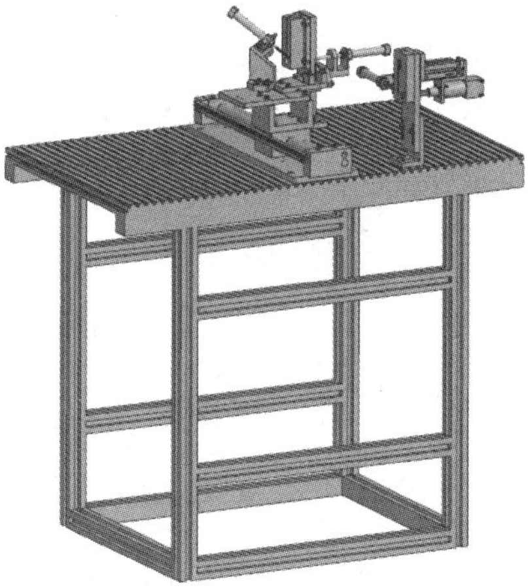 | |
| 5 | 剩余组件安装及调整 | 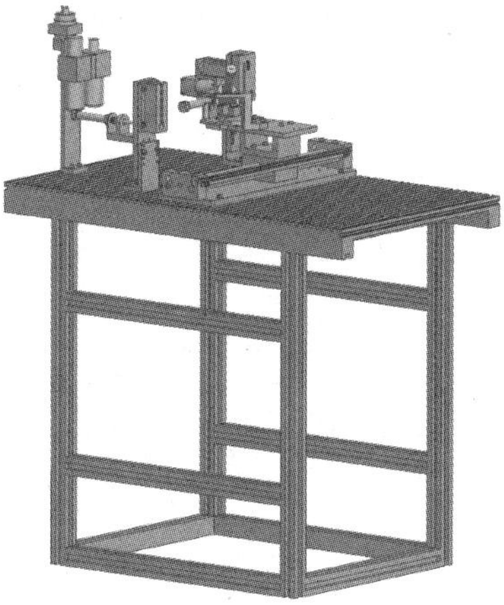 | |

### 7.2.3　安装注意事项、相应表格及记录

安装注意事项、相应表格及记录与主件供料单元的相关内容基本相同，请在项目 3 中查阅相关内容。

## 任务 7.3　产品组装单元的电气接线及编程调试

该任务主要包括产品组装单元的气路连接、电气接线、初步手动调试、编程与调试等内容。

### 7.3.1　气路连接、电气接线及初步手动调试

在后续电气联调前，应进行气路连接和电气接线，完成后应通过手动调试的方式保证气路连接和电气接线符合产品组装单元的气动原理图、电气原理图的要求和动作要求，其基本步骤与主件供料单元的相关步骤基本相同。

### 7.3.2 编程与调试

1）编程思路

PLC 上电后应首先进入初始状态校核阶段，确认系统已经准备就绪后，才允许接收启动信号投入运行。下面只对动作过程步进顺序控制及状态显示部分的编程思路加以说明。

根据产品组装单元的工作流程和动作顺序，画出如图 7-16 所示的产品组装单元顺序功能图，再根据产品组装单元顺序功能图编写如表 7-4 所示的相关程序。

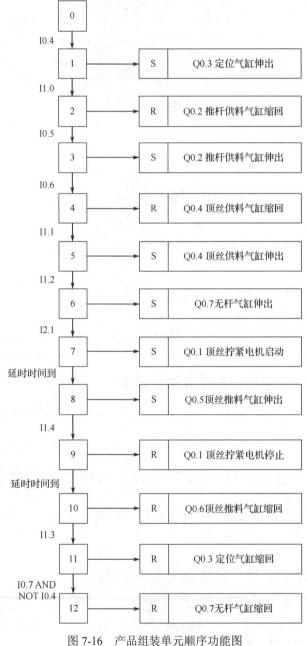

图 7-16　产品组装单元顺序功能图

表 7-4　产品组装单元动作关键程序

| 步　骤 | 内　容 | 示　意　图 |
|---|---|---|
| 初始化 | 将所有元器件复位，防止程序冲突，置位"第一步" | 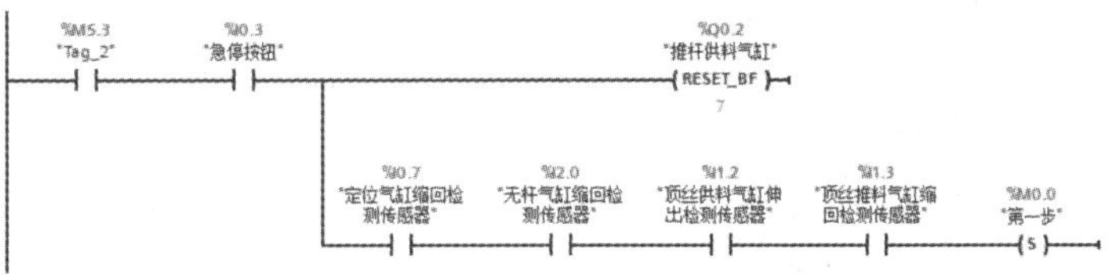 |
| 第一步 | 上料点有物料后，定位气缸伸出，置位"第二步" | 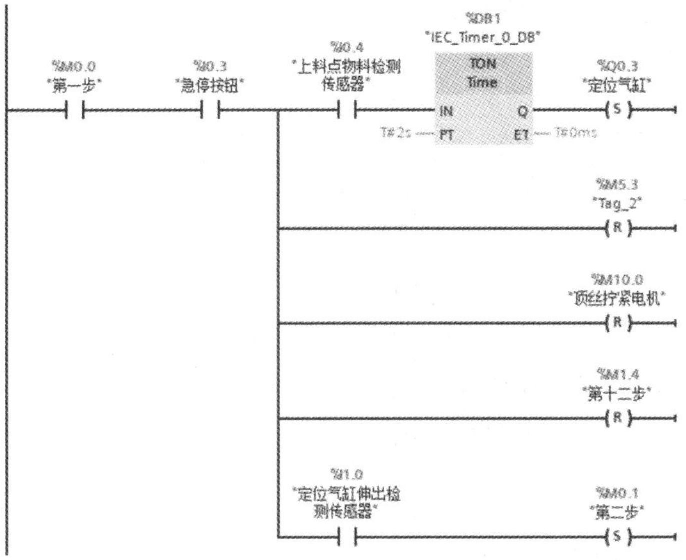 |
| 第二步 | 推杆供料气缸缩回，置位"第三步" | 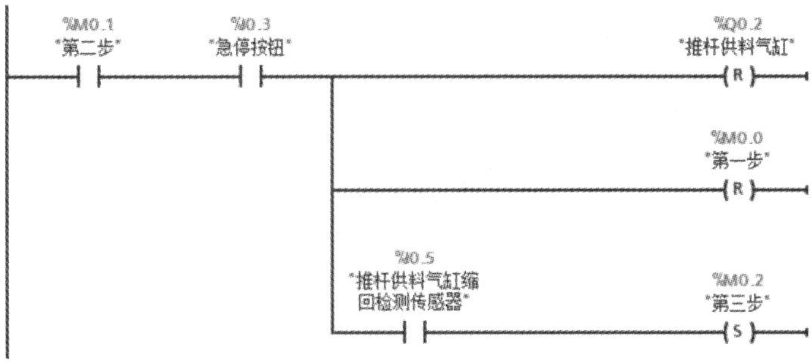 |
| 第三步 | 推杆供料气缸伸出，置位"第四步" | |

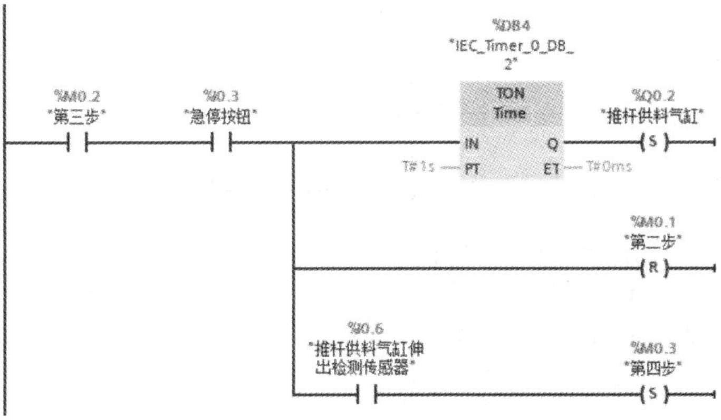

167

续表

| 步　骤 | 内　容 | 示　意　图 |
|---|---|---|
| 第四步 | 顶丝供料气缸缩回，置位"第五步" | %M0.3 "第四步" ── %I0.3 "急停按钮" ── %DB5 "IEC_Timer_0_DB_3" TON Time　IN　Q　PT　ET—T#0ms　T#1s ── %Q0.4 "顶丝供料气缸"（S）<br>%M0.2 "第三步"（R）<br>%I1.1 "顶丝供料气缸缩回检测传感器" ── %M0.4 "第五步"（S） |
| 第五步 | 顶丝供料气缸伸出，置位"第六步" | %M0.4 "第五步" ── %I0.3 "急停按钮" ── %DB6 "IEC_Timer_0_DB_4" TON Time　IN　Q　PT　ET—T#0ms　T#1s ── %Q0.4 "顶丝供料气缸"（R）<br>%M0.3 "第四步"（R）<br>%I1.2 "顶丝供料气缸伸出检测传感器" ── %M0.6 "第六步"（S） |
| 第六步 | 无杆气缸伸出，置位"第七步" | %M0.6 "第六步" ── %I0.3 "急停按钮" ── %DB7 "IEC_Timer_0_DB_5" TON Time　IN　Q　PT　ET—T#0ms　T#1s ── %Q0.7 "无杆气缸"（S）<br>%M0.4 "第五步"（R）<br>%I2.1 "无杆气缸伸出检测传感器" ── %M0.7 "第七步"（S） |
| 第七步 | 顶丝拧紧电机启动，置位"第八步" | %M0.7 "第七步" ── %I0.3 "急停按钮" ── %M10.0 "顶丝拧紧电机"（S）<br>%M0.6 "第六步"（R）<br>%M1.0 "第八步"（S） |

| 步　骤 | 内　容 | 示　意　图 |
|---|---|---|
| 第八步 | 顶丝推料气缸伸出，置位"第九步" | 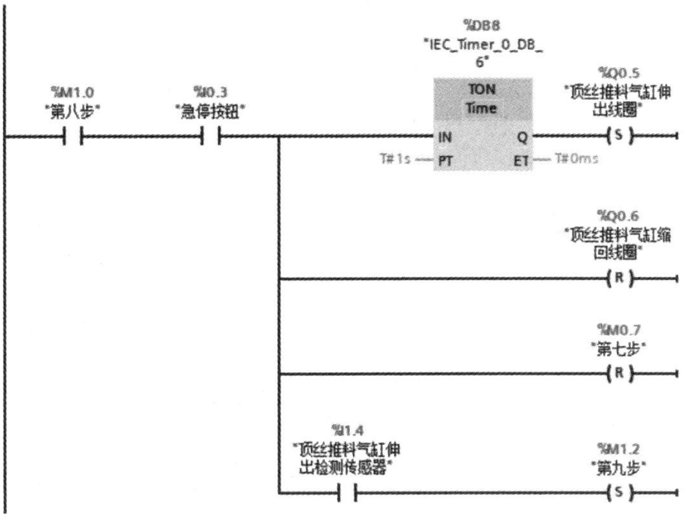 |
| 第九步 | 顶丝拧紧电机启动 5s 后停止，置位"第十步" | 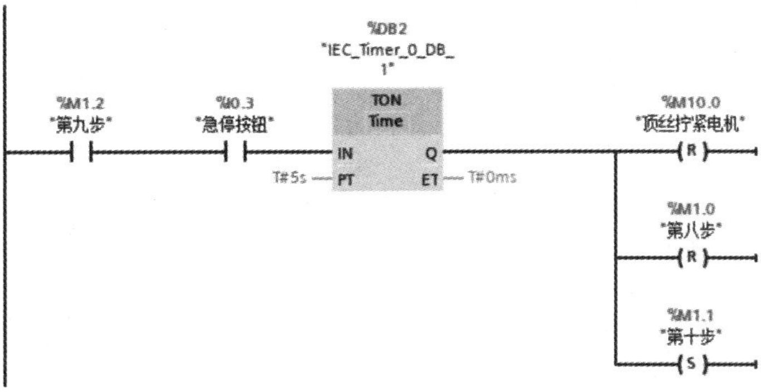 |
| 第十步 | 顶丝推料气缸缩回，置位"第十一步" | 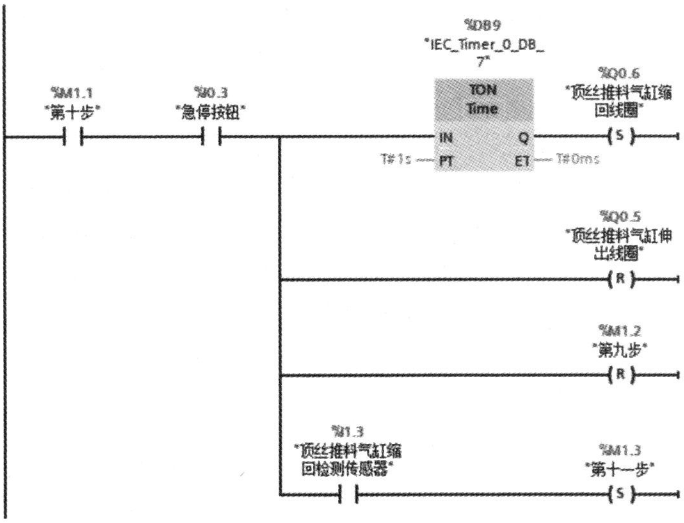 |

续表

| 步 骤 | 内 容 | 示 意 图 |
|---|---|---|
| 第十一步 | 定位气缸缩回，置位第"十二步" | 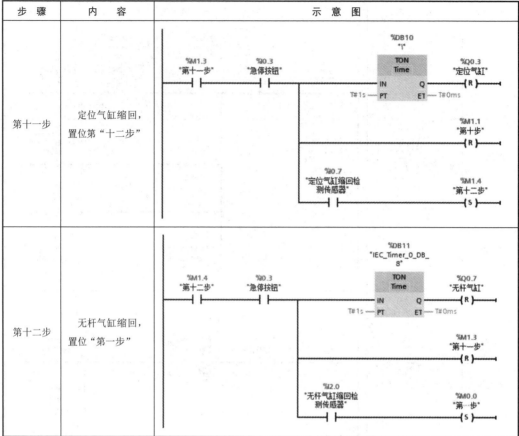 |
| 第十二步 | 无杆气缸缩回，置位"第一步" | |

2）下载调试

完成程序编写后，将程序下载至 PLC，观察产品组装单元的实际运行情况，并根据实际运行情况不断修改调试。在调试过程中，需要综合调整机械、气动、电气和程序等内容，不断反复，直至满足要求为止。

如果在调试过程中遇到问题，那么请尝试从以下方面进行检查。

（1）检查气动部分，检查气路是否正确、气压是否合理、气缸的动作速度是否合理。

（2）检查磁性开关的安装位置是否合适，磁性开关工作是否正常。

（3）检查 I/O 接线是否正确。

（4）检查传感器的安装是否合理、参数设定是否合适，保证检测的可靠性。

（5）调试各种可能出现的情况。

（6）优化程序。

## 项目测评

请以小组为单位完成产品组装单元的安装与调试，完成后将小组成员按照贡献大小进行排序，由指导老师结合表 7-5 所示的项目测评表和小组成员贡献大小对小组成员进行评分。

表 7-5　项目测评表

| 测 评 项 目 | | 详 细 要 求 | 配分 | 得分 | 评判性质 |
|---|---|---|---|---|---|
| 职业素质 | 安全操作 | 出现带电插拔编程线、信号线、电源线、通信线等行为，每次扣 2 分 | 2 | | 主观 |
| | 设备、工具仪器操作规范 | 出现过度用力或用不合适的工具敲打、撞击设备等行为，每处扣 1 分 | 2 | | 主观 |
| | 6S 管理 | （1）在工作过程中，将剥落的导线皮、线头、纸屑等放置于设备台面上，每处扣 0.5 分。<br>（2）任务完成后，将工具、不用的导线及其他耗材物品放置于工作台，地面不整洁，桌凳等未按规定位置放好，每处扣 0.5 分。<br>以上内容扣完为止 | 2 | | |
| | 穿戴规范 | 穿着工作服、绝缘工作鞋及必需的人身防护用品，不符合规定的每处扣 0.5 分，扣完为止 | 2 | | |
| | 工作纪律、文明礼貌 | 团队有分工有合作，遵守工作纪律，尊重教师和工作人员，文明礼貌等。违反规定的每处扣 0.5 分，扣完为止 | 2 | | 主观 |
| | 知识产权 | 出现抄袭情况，全部成绩同时记 0 分 | | | |
| 机械、电气安装与调试 | 机械安装 | （1）机械结构安装不到位，每处扣 0.5 分。<br>（2）拧紧力矩不符合要求，每处扣 0.5 分。<br>（3）漏装、错装等，每处扣 0.5 分。<br>以上内容扣完为止 | 20 | | |
| | 电气安装 | （1）接线错误，每处扣 0.5 分。<br>（2）导线进入走线槽时，每个进线口的导线不得超过 6 根，分布合理、整齐，单根导线直接进入走线槽且不交叉，否则每处扣 0.1 分。<br>（3）每根导线对应一位接线端子，且用线鼻子压牢，否则每处扣 0.1 分。<br>（4）在端子进线部分，每根导线必须都套用号码管，每个号码管必须都进行正确编号，否则每处扣 0.1 分。<br>（5）扎带捆扎间距为 50~80mm，且同一条线路上的捆扎间隔应相同，否则每处扣 0.1 分。<br>（6）扎带切割不能余留太长，必须小于 1mm 且不能割手，否则每处扣 0.1 分。<br>（7）接线端子金属裸露长度不超过 2mm，否则每处扣 0.1 分。<br>以上内容扣完为止 | 20 | | |
| | 气动系统连接 | （1）气路连接错误，每处扣 0.5 分。<br>（2）发生漏气现象，每处扣 0.2 分。<br>（3）调试时压力不足，每处扣 0.2 分。<br>以上内容扣完为止 | 10 | | |

| 测评项目 | | 详细要求 | 配分 | 得分 | 评判性质 |
|---|---|---|---|---|---|
| 编程调试及优化 | 编程调试 | 根据动作未完成情况进行扣分 | 30 | | |
| | 程序优化 | 程序逻辑结构应合理、清晰，便于理解和阅读，视情况扣分 | 10 | | 主观 |

# 思考练习及知识拓展

（1）在调试过程中，遇到的问题有哪些？可能的原因有哪些？如何解决？

（2）在产品组装单元中，为什么没有对步进电机的方向进行控制？

（3）请在自动运行程序的基础上编写单步运行程序并进行调试。

# 思政元素及职业素养元素

（1）工匠精神。

在安装与调试过程中，务必养成认真负责的工作态度、一丝不苟的工作作风和敬业、精益、专注的工匠精神；爱护每一台实训实验设备，严格按照流程图规定的顺序进行拆装；现场做到6S管理，按规定次序摆放各类零部件、工具和量具；课后及时清理工作场地。

（2）安全生产。

在安装与调试过程中，务必注意安全生产，坚决禁止带电拆装设备，杜绝一切安全事故的发生；离开现场前，必须关闭窗户和电源。

（3）团队合作。

安装与调试内容较多，相对比较复杂，建议组建实践团队，团队成员既有分工又有合作，共同完成该任务。

（4）专业技术文献检索。

自动化生产线设计的机械零部件和电气元器件较多，要善于结合铭牌检索其相关资料，如样本、产品说明书等，在此基础上进行自主学习并掌握其工作原理和基本使用方法。

# 项目 8  产品分拣单元的安装与调试

按照产品分拣单元的要求，在规定时间内完成机械零部件及电气元器件的安装、气路连接、电气系统接线、PLC 程序设计和调试等内容。

## 知识技能及素养目标

（1）熟悉产品分拣单元的基本功能。

（2）熟悉机械零部件及电气元器件，并能完成其安装与调试。

（3）能根据气动原理图完成气路连接。

（4）能根据电气原理图完成电气系统的硬件连接和调试。

（5）能结合产品分拣单元的控制要求完成 PLC 编程和调试。

（6）能对产品分拣单元的常见故障及时进行排除。

（7）培养勤思考、多动手的习惯。

（8）培养认真负责的工作态度、一丝不苟的工作作风和敬业、精益、专注的工匠精神。

◆ 知识准备 ◆

产品分拣单元是自动化生产线系统的最后一个工作单元，主要用于根据颜色状态对物料进行分拣。

1）产品分拣单元的结构组成

产品分拣单元的基本结构如图 8-1 所示。产品分拣单元主要由基础平台（图中未标明）、丝杠输送组件、颜色检测组件、滑槽组件和电气元器件等组成。

（1）基础平台。

基础平台的作用主要是为其他元器件提供安装接口及支撑，在安装过程中应尽可能保持水平状态。基础平台上预制了铝制 T 形槽，方便其他元器件的安装。

（2）丝杠输送组件。

丝杠输送组件由丝杠输送模组、搬运电机、提升电机、提升机构、提升机构上限检测传感器、提升机构下限检测传感器、气爪、气爪松开检测传感器、气爪夹紧检测传感器、连接件及固定螺钉等组成。丝杠输送组件主要用于输送物料。

（3）颜色检测组件。

颜色检测组件由颜色检测传感器、连接件及固定螺钉等组成。颜色检测组件主要用于检测物料颜色并将信号反馈给 PLC。

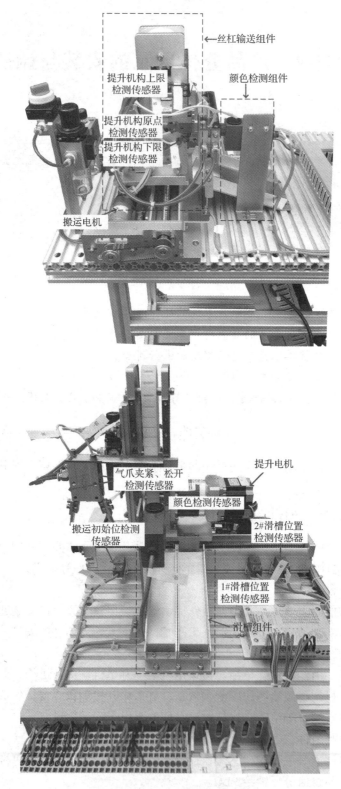

图 8-1　产品分拣单元的基本结构

（4）滑槽组件。

滑槽组件由斜坡滑道、连接件及固定螺钉等组成。滑槽组件主要用于放置分拣后的物料。

（5）电气元器件。

产品分拣单元涉及的主要电气元器件有 PLC、断路器、电机、接线端子排、传感器和开关等，以上元器件可以结合接线和编程用于实现对产品分拣单元的综合控制。

2）产品分拣单元控制要求及动作流程

产品分拣单元的控制要求及动作流程如图 8-2 所示。

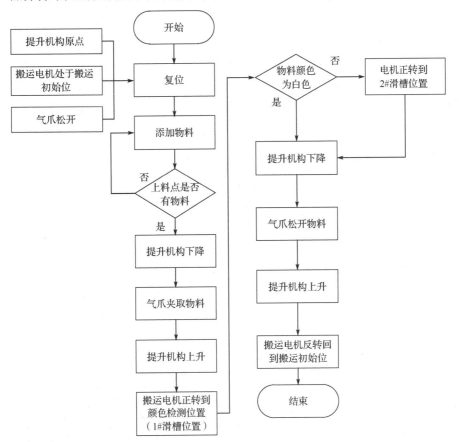

图 8-2　产品分拣单元的控制要求及动作流程

系统初始化，初始化完成后设备处于初始状态。提升机构带动气爪下降并夹取物料，夹取成功后，提升机构带动气爪上升，搬运电机正转，丝杠输送组件移动到颜色检测位置（搬运 1#通道位置检测位），电机停止转动，检测物料颜色并记录结果。检测完成后，如果物料颜色是白色，那么提升机构带动气爪下降到 1#滑槽上方并松开气爪，将物料放入 1#滑道；如果物料颜色是红色，那么搬运电机启动并正转，丝杠输送组件移动到 2#滑槽处，提升机构带动气爪下降到 2#滑槽上方并松开气爪，将物料放入 2#滑槽。分拣完成后，提升机构回到原点处，搬运电机启动并反转，丝杠输送组件回到搬运初始位。

◆ 任务实施 ◆

## 任务 8.1　产品分拣单元的电气控制系统设计

产品分拣单元的电气控制系统设计主要包括产品分拣单元的气动原理图设计、PLC的 I/O 分配、电气原理图设计、关键元器件选型等内容。

### 8.1.1　气动原理图设计

根据产品分拣单元的动作要求，设计如图 8-3 所示的气动原理图，气动系统主要由气源、进气开关、分水滤气器、减压阀、电磁换向阀、单向节流阀和气爪组成。减压阀用于控制减压阀出口压力并保持恒定值，单向节流阀用于调节气爪和各个气缸的运动速度。气爪由两个电磁铁驱动的二位五通电磁换向阀控制，当一个电磁铁得电时，气爪夹紧；当另一个电磁铁得电时，气爪松开。为了防止电磁铁损坏，两个电磁铁不得同时得电。

为了检测气爪和各个气缸的极限位置，在气爪和每个气缸上安装了对应的磁性开关。

### 8.1.2　PLC 的 I/O 分配

根据产品分拣单元装置侧的 I/O 分配和工作任务要求，确定 PLC 的 I/O 分配表，如表 8-1 所示。

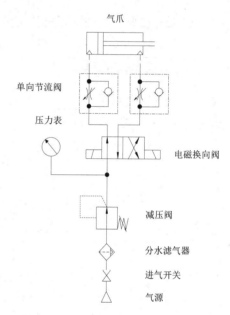

图 8-3　产品分拣单元的气动原理图

表 8-1　产品分拣单元 PLC 的 I/O 分配表

| 输　　入 | | | 输　　出 | | |
|---|---|---|---|---|---|
| 序号 | PLC 输入 | 信 号 名 称 | 序号 | PLC 输出 | 信 号 名 称 |
| 1 | I0.0 | 联调/单站切换开关 | 1 | Q0.0 | 自动运行指示 |
| 2 | I0.1 | 自动运行按钮 | 2 | Q0.1 | 提升电机脉冲 |
| 3 | I0.2 | 单步运行按钮 | 3 | Q0.2 | 提升电机方向 |
| 4 | I0.3 | 急停按钮 | 4 | Q0.3 | 搬运电机使能 |
| 5 | I0.4 | 提升机构原点检测传感器 | 5 | Q0.4 | 搬运电机方向 |
| 6 | I0.5 | 提升机构上限检测传感器 | 6 | Q0.5 | 气爪松开线圈 |
| 7 | I0.6 | 提升机构下限检测传感器 | 7 | Q0.6 | 气爪夹紧线圈 |
| 8 | I0.7 | 搬运初始位检测传感器 | | | |
| 9 | I1.0 | 1#滑槽位置检测传感器 | | | |
| 10 | I1.1 | 2#滑槽位置检测传感器 | | | |

续表

| 输　　入 | | | 输　　出 | | |
|---|---|---|---|---|---|
| 序号 | PLC 输入 | 信 号 名 称 | 序号 | PLC 输出 | 信 号 名 称 |
| 11 | I1.2 | 颜色检测传感器 | | | |
| 12 | I1.3 | 气爪松开检测传感器 | | | |
| 13 | I1.4 | 气爪夹紧检测传感器 | | | |

### 8.1.3　电气原理图设计

根据产品分拣单元的控制要求，设计产品分拣单元的电气原理图，如图 8-4 所示。

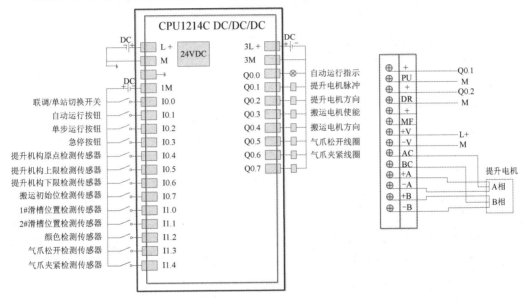

图 8-4　产品分拣单元的电气原理图

PLC 的 L+和 M 端子分别接 24V 电源的正极和负极，1M 与 PLC 的输入口形成一个回路，3L+提供 PLC 输出的电源，3M 与 PLC 的输出口形成一个回路。

步进电机接线图与项目 5 中的相关内容基本类似，这里不再阐述。

### 8.1.4　关键元器件选型

结合设计的气动原理图和电气原理图，对关键元器件进行选型，得到如表 8-2 所示的关键元器件清单。

表 8-2　关键元器件清单

| 序号 | 元器件名称 | 型 号 | 数量 | 生 产 厂 家 | 备 注 |
|---|---|---|---|---|---|
| 1 | PLC | S7-1200 系列中的 1214C DC/DC/DC | 1 | 西门子 | |
| 2 | 气爪 | HFY20 | 1 | AIRTAC | |
| 3 | 减压阀 | GFR200-08 | 1 | AIRTAC | |
| 4 | 分水滤气器 | GL200-08 | 1 | AIRTAC | |
| 5 | 电磁换向阀（双线圈） | 4V120-M5 | 1 | AIRTAC | |

续表

| 序号 | 元器件名称 | 型 号 | 数量 | 生 产 厂 家 | 备 注 |
|---|---|---|---|---|---|
| 6 | 节流阀 | GRLA -QS3-D | 5 | AIRTAC | |
| 7 | 磁性开关 | F-SC32 | 2 | AIRTAC | |
| 8 | 步进电机 | 2HB57-56 | 1 | 北京中创天勤科技 | 步距角为1.8° |
| 9 | 减速器 | PLF060-L1-10-S2-P2 | 1 | 北京中创天勤科技 | |
| 10 | 步进电机驱动器 | YKA2404MC | 1 | YAKO | |
| 11 | 色标检测传感器 | LX-111-P | 1 | PANASONIC | |

# 任务8.2  产品分拣单元的机械零部件及电气元器件安装与调试

该任务主要介绍产品分拣单元的安装流程、机械零部件安装步骤和安装注意事项，在实际安装过程中应做好安装记录。

## 8.2.1  安装流程

产品分拣单元的机械零部件及电气元器件的安装流程如图8-5所示。安装前，应对所需工具和零部件进行清点，为后续安装做好准备。同时，检查外购件合格证是否齐全并保证合格。首先进行基础平台安装，基础平台安装完成后，为了保证整个工作单元的水平，应对基础平台进行水平检验。其次，按照安装流程分别安装丝杠输送组件、颜色检测组件和滑槽组件，在安装过程中，可以结合实际对个别零部件的安装顺序进行调整。机械零部件安装完成后，在规定位置安装电气元器件并固定。最后进行机械零部件及电气元器件安装后的初步调试和检验。

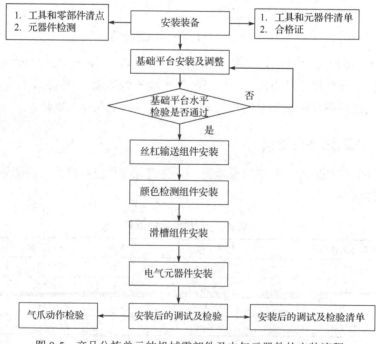

图8-5  产品分拣单元的机械零部件及电气元器件的安装流程

## 8.2.2　机械零部件安装步骤

机械零部件安装步骤如表 8-3 所示，可供实物安装做参考。

表 8-3　机械零部件安装步骤

| 步　骤 | 内　容 | 示　意　图 | 备　注 |
|---|---|---|---|
| 1 | 基础平台安装及调整 |  | 应保证基础平台保持水平状态 |
| 2 | 丝杠输送组件安装 | 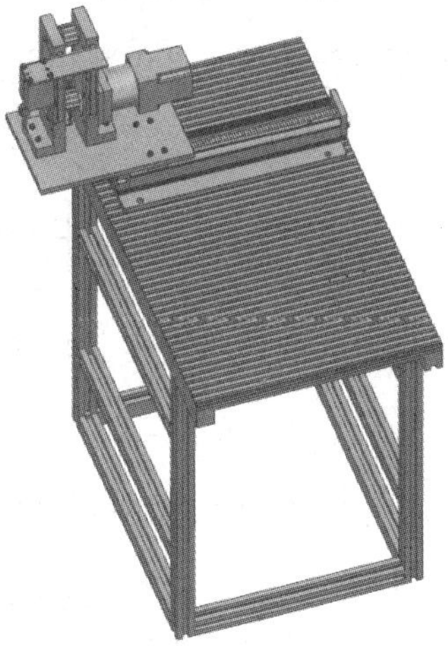 | |
| 3 | 颜色检测组件及滑槽组件安装 | 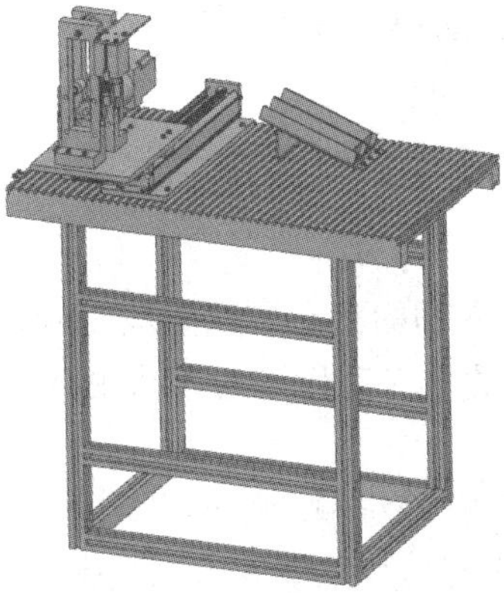 | |

续表

| 步　骤 | 内　　容 | 示　意　图 | 备　注 |
|---|---|---|---|
| 4 | 剩余组件安装及调整 | 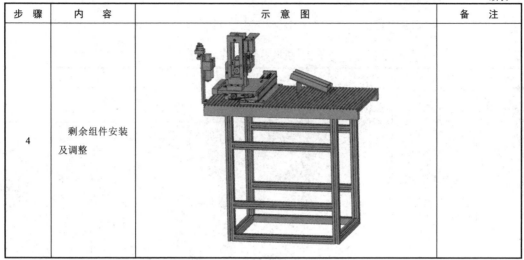 | |

### 8.2.3　安装注意事项、相应表格及记录

安装注意事项、相应表格及记录与主件供料单元的相关内容基本相同，请在项目 3 中查阅相关内容。

# 任务 8.3　产品分拣单元的电气接线及编程调试

该任务主要包括产品分拣单元的气路连接、电气接线、初步手动调试、编程与调试等内容。

### 8.3.1　气路连接、电气接线及初步手动调试

在后续电气联调前，应进行气路连接和电气接线，完成后应通过手动调试的方式保证气路连接和电气接线符合产品分拣单元的气动原理图、电气原理图的要求和动作要求，其基本步骤与主件供料单元的相关步骤基本相同。

### 8.3.2　编程与调试

1）编程思路

PLC 上电后应首先进入初始状态校核阶段，确认系统已经准备就绪后，才允许接收启动信号投入运行。下面只对动作过程步进顺序控制及状态显示部分的编程思路加以说明。

根据产品分拣单元的工作流程和动作顺序，画出如图 8-6 所示的产品分拣单元顺序功能图，再根据产品分拣单元顺序功能图编写如表 8-4 所示的相关程序。

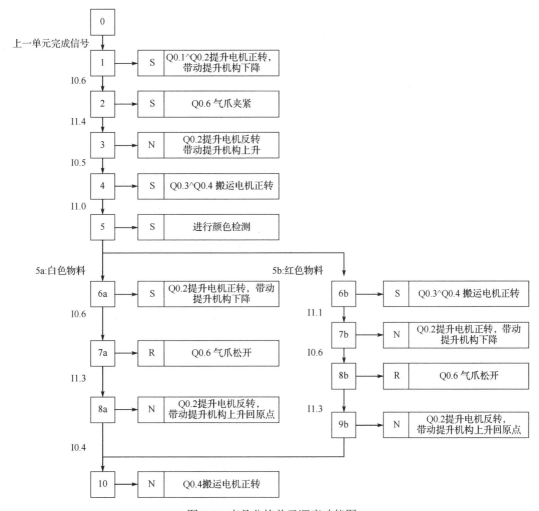

图 8-6　产品分拣单元顺序功能图

表 8-4　产品分拣单元动作关键程序

| 步　骤 | 说　　明 | 程　　　序 |
|---|---|---|
| 初始化 | 初始化状态下，气爪松开，搬运电机处于初始位，步进电机回零（提升机构处于原点），置位中间变量 M5.0 形成自锁，在步进电机回零完成、搬运电机处于初始位和气爪松开时，置位"第一步" | |

续表

| 步 骤 | 说 明 | 程 序 |
|---|---|---|
| 第一步 | 置位"步进电机中间变量.下限位"，复位中间变量M5.0，搬运电机停止，复位"第九步-a"和"第十步"，当到达指定位置时，置位"第二步" | 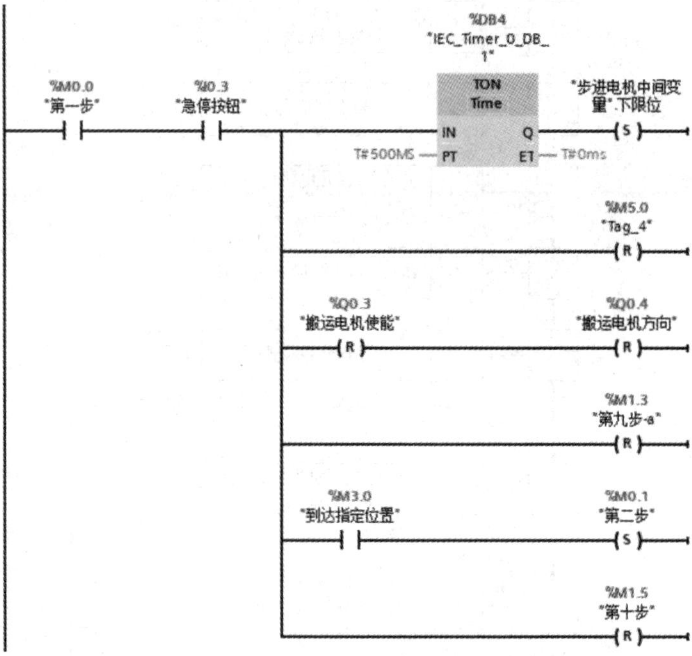 |
| 第二步 | 复位"步进电机中间变量.下限位"，复位"第一步"，气爪夹紧，置位"第三步" | 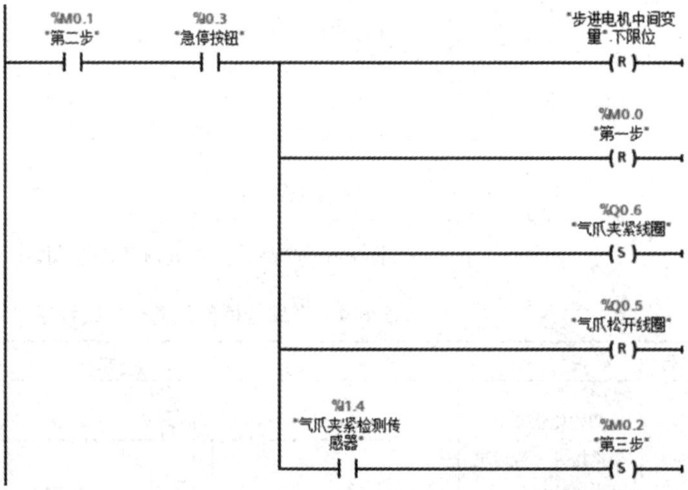 |
| 第三步 | 置位"步进电机中间变量.原点"，复位"第二步"，当步进电机到达指定位置时，置位"第四步" | 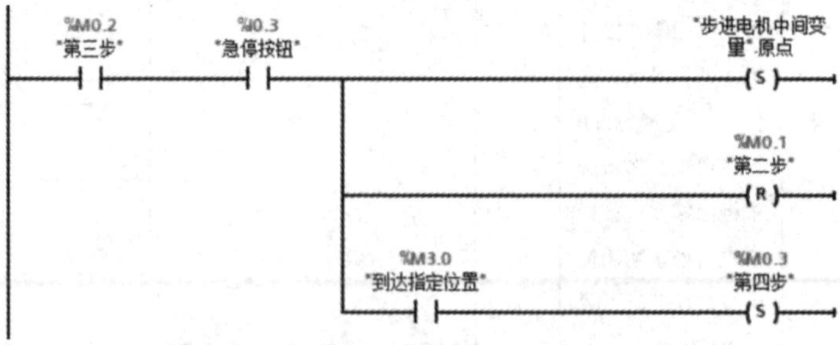 |

| 步　骤 | 说　明 | 程　序 |
|---|---|---|
| 第四步 | 在"第三步"完成后，复位"步进电机中间变量.原点"，复位"第三步"，搬运电机右移，到达 1# 滑槽位置时，置位"第五步" | %M0.3 "第四步" ─┤├─ %Q0.3 "急停按钮" ─┤├─ ────▶ "步进电机中间变量".原点 ─(R)─<br>%M0.2 "第三步" ─(R)─<br>%Q0.4 "搬运电机方向" ─(S)─<br>%Q0.3 "搬运电机使能" ─(S)─<br>%I1.0 "1#滑槽位置检测传感器" ─┤├─ %M0.4 "第五步" ─(S)─ |
| 第五步 | 搬运电机停止，复位"第四步"，延时 1s 后进行颜色检测，若检测结果为白色，则执行"第六步-a"；若检测结果为红色，则执行"第六步-b" | %M0.4 "第五步" ─┤├─ %Q0.3 "急停按钮" ─┤├─ %Q0.3 "搬运电机使能" ─(R)─<br>%Q0.4 "搬运电机方向" ─(R)─<br>%M0.3 "第四步" ─(R)─<br>%DB6 "IEC_Timer_0_DB" TON Time　IN　Q　PT　ET<br>T#1S → PT<br>%I1.2 "颜色检测传感器" ─┤/├─ %M0.6 "第六步-b" ─(S)─<br>%I1.2 "颜色检测传感器" ─┤├─ %M0.5 "第六步-a" ─(S)─ |
| 第六步 | 如果检测到白色物料，那么置位"步进电机中间变量.下限位"，复位"第五步"，当到达指定位置时，置位"第七步-a"；如果检测到红色物料，那么搬运电机右移，复位"第五步"，到达 2#滑槽位置时，置位"第七步-b" | %M0.5 "第六步-a" ─┤├─ %Q0.3 "急停按钮" ─┤├─ "步进电机中间变量".下限位 ─(S)─<br>%M0.4 "第五步" ─(R)─<br>%M3.0 "到达指定位置" ─┤├─ %M0.7 "第七步-a" ─(S)─<br>%M0.6 "第六步-b" ─┤├─ %Q0.3 "急停按钮" ─┤├─ %Q0.3 "搬运电机使能" ─(S)─<br>%Q0.4 "搬运电机方向" ─(S)─<br>%M0.4 "第五步" ─(R)─<br>%I1.1 "2#滑槽位置检测传感器" ─┤├─ %M1.0 "第七步-b" ─(S)─ |

续表

| 步 骤 | 说 明 | 程 序 |
|---|---|---|
| 第七步 | 在"第六步-a"完成后，气爪松开，复位"步进电机中间变量.下限位"和"第六步-a"，气爪松开后置位"第八步-a"；在"第六步-b"完成后，置位"步进电机中间变量.下限位"，复位"第六步-b"，搬运电机停止，当到达指定位置时，置位"第八步-b" | %M0.7 "第七步-a" ┤├  %Q0.3 "急停按钮" ┤├  %Q0.5 "气爪松开线圈" ─(S)─  %Q0.6 "气爪夹紧线圈" ─(R)─<br><br>%M0.5 "第六步-a" ─(R)─  步进电机中间变量.下限位 ─(R)─<br><br>%I1.3 "气爪松开检测传感器" ┤├  %M1.1 "第八步-a" ─(S)─<br><br>%M1.0 "第七步-b" ┤├  %Q0.3 "急停按钮" ┤├  %M0.6 "第六步-b" ─(R)─  步进电机中间变量.下限位 ─(S)─<br><br>%Q0.3 "搬运电机使能" ─(R)─  %Q0.4 "搬运电机方向" ─(R)─<br><br>%M3.0 "到达指定位置" ┤├  %M1.2 "第八步-b" ─(S)─ |
| 第八步 | 在"第七步-a"完成后，置位"步进电机中间变量.原点"，复位"第七步-a"，到达指定位置时，置位"第九步-a"；在"第七步-b"完成后，气爪松开，复位"步进电机中间变量.下限位"和"第七步-b"，气爪松开后置位"第九步-b" | %M1.1 "第八步-a" ┤├  %Q0.3 "急停按钮" ┤├  %M0.7 "第七步-a" ─(R)─  步进电机中间变量.原点 ─(S)─<br><br>%M3.0 "到达指定位置" ┤├  %M1.3 "第九步-a" ─(S)─<br><br>%M1.2 "第八步-b" ┤├  %Q0.3 "急停按钮" ┤├  %Q0.5 "气爪松开线圈" ─(S)─  %Q0.6 "气爪夹紧线圈" ─(R)─<br><br>%M1.0 "第七步-b" ─(R)─  步进电机中间变量.下限位 ─(R)─<br><br>%I1.3 "气爪松开检测传感器" ┤├  %M1.4 "第九步-b" ─(S)─ |
| 第九步 | 在"第八步-a"完成后，复位"步进电机中间变量.原点"和"第八步-a"，搬运电机左移，到达搬运初始位后置位"第一步"；在"第八步-b"完成后，置位"步进电机中间变量.原点"，复位"第八步-b"，当到达指定位置时，置位"第十步" | %M1.3 "第九步-a" ┤├  %Q0.3 "急停按钮" ┤├  %M1.1 "第八步-a" ─(R)─  步进电机中间变量.原点 ─(R)─<br><br>%Q0.3 "搬运电机使能" ─(S)─  %Q0.4 "搬运电机方向" ─(R)─<br><br>%Q0.7 "搬运初始位检测传感器" ┤├  %M0.0 "第一步" ─(S)─<br><br>%M1.4 "第九步-b" ┤├  %Q0.3 "急停按钮" ┤├  %M1.2 "第八步-b" ─(R)─  步进电机中间变量.原点 ─(S)─<br><br>%M3.0 "到达指定位置" ┤├  %M1.5 "第十步" ─(S)─ |

续表

| 步　骤 | 说　明 | 程　序 |
|---|---|---|
| 第十步 | 复位"步进电机中间变量.原点"和"第九步-b",搬运电机左移,到达搬运初始位后置位"第一步" |  |

2）下载调试

完成程序编写后,将程序下载至 PLC,观察产品分拣单元的实际运行情况,并根据实际运行情况不断修改调试。在调试过程中,需要综合调整机械、气动、电气和程序等内容,不断反复,直至满足要求为止。

如果在调试过程中遇到问题,那么请尝试从以下方面进行检查。

(1)检查气动部分,检查气路是否正确、气压是否合理、气缸的动作速度是否合理。

(2)检查磁性开关的安装位置是否合适,磁性开关工作是否正常。

(3)检查 I/O 接线是否正确。

(4)检查传感器的安装是否合理、参数设定是否合适,保证检测的可靠性。

(5)调试各种可能出现的情况。

(6)优化程序。

## 项目测评

请以小组为单位完成产品分拣单元的安装与调试,完成后将小组成员按照贡献大小进行排序,由指导老师结合表 8-5 所示的项目测评表和小组成员贡献大小对小组成员进行评分。

表 8-5　项目测评表

| 测评项目 | | 详 细 要 求 | 配分 | 得分 | 评判性质 |
|---|---|---|---|---|---|
| 职业素质 | 安全操作 | 出现带电插拔编程线、信号线、电源线、通信线等行为,每次扣 2 分 | 2 | | 主观 |
| | 设备、工具仪器操作规范 | 出现过度用力或用不合适的工具敲打、撞击设备等行为,每处扣 1 分 | 2 | | 主观 |

| 测 评 项 目 | | 详 细 要 求 | 配分 | 得分 | 评判性质 |
|---|---|---|---|---|---|
| 职业素质 | 6S 管理 | （1）在工作过程中，将剥落的导线皮、线头、纸屑等放置于设备台面上，每处扣 0.5 分。<br>（2）任务完成后，将工具、不用的导线及其他耗材物品放置于工作台，地面不整洁，桌凳等未按规定位置放好，每处扣 0.5 分。<br>以上内容扣完为止 | 2 | | |
| | 穿戴规范 | 穿着工作服、绝缘工作鞋及必需的人身防护用品，不符合规定的每处扣 0.5 分，扣完为止 | 2 | | |
| | 工作纪律、文明礼貌 | 团队有分工有合作，遵守工作纪律，尊重教师和工作人员，文明礼貌等。违反规定的每处扣 0.5 分，扣完为止 | 2 | | 主观 |
| | 知识产权 | 出现抄袭情况，全部成绩同时记 0 分 | | | |
| 机械、电气安装与调试 | 机械安装 | （1）机械结构安装不到位，每处扣 0.5 分。<br>（2）拧紧力矩不符合要求，每处扣 0.5 分。<br>（3）漏装、错装等，每处扣 0.5 分。<br>以上内容扣完为止 | 20 | | |
| | 电气安装 | （1）接线错误，每处扣 0.5 分。<br>（2）导线进入走线槽时，每个进线口的导线不得超过 6 根，分布合理、整齐，单根导线直接进入走线槽且不交叉，否则每处扣 0.1 分。<br>（3）每根导线对应一位接线端子，且用线鼻子压牢，否则每处扣 0.1 分。<br>（4）端子进线部分，每根导线必须都套用号码管，每个号码管必须都进行正确编号，否则每处扣 0.1 分。<br>（5）扎带捆扎间距为 50～80mm，且同一条线路上的捆扎间隔应相同，否则每处扣 0.1 分。<br>（6）扎带切割不能余留太长，必须小于 1mm 且不能割手，否则每处扣 0.1 分。<br>（7）接线端子金属裸露长度不超过 2mm，否则每处扣 0.1 分。<br>以上内容扣完为止 | 20 | | |
| | 气动系统连接 | （1）气路连接错误，每处扣 0.5 分。<br>（2）发生漏气现象，每处扣 0.2 分。<br>（3）调试时压力不足，每处扣 0.2 分。<br>以上内容扣完为止 | 10 | | |
| 编程调试及优化 | 编程调试 | 根据动作未完成情况进行扣分 | 30 | | |
| | 程序优化 | 程序逻辑结构应合理、清晰，便于理解和阅读，视情况扣分 | 10 | | 主观 |

## 思考练习及知识拓展

（1）在调试过程中，遇到的问题有哪些？可能的原因有哪些？如何解决？

（2）请在自动运行程序的基础上编写单步运行程序并进行调试。

（3）请优化产品分拣单元顺序功能图并根据优化后的顺序功能图进行编程调试。

## 思政元素及职业素养元素

（1）工匠精神。

在安装与调试过程中，务必养成认真负责的工作态度、一丝不苟的工作作风和敬业、精益、专注的工匠精神；爱护每一台实训实验设备，严格按照流程图规定的顺序进行拆装；现场做到 6S 管理，按规定次序摆放各类零部件、工具和量具；课后及时清理工作场地。

（2）安全生产。

在安装与调试过程中，务必注意安全生产，坚决禁止带电拆装设备，杜绝一切安全事故的发生；离开现场前，必须关闭窗户和电源。

（3）团队合作。

安装与调试内容较多，相对比较复杂，建议组建实践团队，团队成员既有分工又有合作，共同完成该任务。

（4）专业技术文献检索。

自动化生产线设计的机械零部件和电气元器件较多，要善于结合铭牌检索其相关资料，如样本、产品说明书等，在此基础上进行自主学习并掌握其工作原理和基本使用方法。

# 项目 9　自动化生产线总体安装与调试

## 项目描述

按照自动化生产线系统的要求，在规定时间内完成自动化生产线总体安装与调试等内容。

## 知识技能及素养目标

（1）掌握西门子 S7-1200 PLC 以太网组网的相关知识和基本技能。

（2）掌握西门子 HMI 组态技术。

（3）掌握自动化生产线总体安装与调试的基本方法和步骤。

（4）能完成自动化生产线系统组装。

（5）能完成自动化生产线系统多个单元联调。

（6）能对自动化生产线系统的常见故障及时进行排除。

（7）培养勤思考、多动手的习惯。

（8）培养认真负责的工作态度、一丝不苟的工作作风和敬业、精益、专注的工匠精神。

---

◆ 知识准备 ◆

---

### 1．S7-1200 PLC 以太网通信

1）S7-1200 PLC 以太网通信介绍

S7-1200 PLC CPU 本体上集成了一个 PROFINET 通信接口，支持以太网和基于 TCP/IP 的通信标准。使用这个通信接口可以实现 S7-1200 PLC CPU 与编程设备的通信，与 HMI 触摸屏的通信，以及与其他 CPU 之间的通信。这个 PROFINET 通信接口支持 10Mbit/s/100Mbit/s 的 RJ45 口，支持电缆交叉自适应。因此，标准的或是交叉的以太网线都可以用于该接口。S7-1200 PLC CPU 的 PROFINET 通信接口支持以下通信协议及服务：TCP、ISO on TCP、S7 通信（服务器端）。

S7-1200 PLC CPU 的 PROFIENT 接口有两种网络连接方法：直接连接和网络连接。

直接连接：当一个 S7-1200 PLC CPU 与一个编程设备/HMI/PLC 通信时，也就是说只有两个通信设备时，实现的是直接通信。直接连接不需要使用交换机，用网线直接连接两个设备即可，如图 9-1 所示。

网络连接：多台设备通过交换机进行连接，如图 9-2 所示。

实现 S7-1200 CPU 之间通信的大致操作步骤如下。

（1）建立硬件通信物理连接：两个 CPU 的连接可以直接连接，不需要使用交换机，

当连接设备超过 3 台时，需要使用交换机。

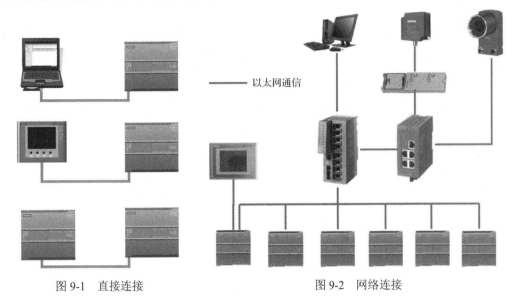

图 9-1  直接连接          图 9-2  网络连接

（2）配置硬件设备：在"Device View"中配置硬件组态。

（3）分配 IP 地址：为每个 CPU 分配不同的 IP 地址。

（4）在网络连接中建立两个 CPU 的逻辑网络连接。

（5）编程配置连接及发送、接收数据参数。

2）通信指令介绍

TIA 博途软件的通信指令较多，由于篇幅有限，这里只介绍两个简单的、与自动化生产线联调相关的 GET 指令和 PUT 指令，对其他通信指令感兴趣的读者可以查阅相关文献或者 TIA 博途帮助文件。

GET 指令从远端 CPU 读取数据，PUT 指令向远端 CPU 写入数据，两个指令的参数如表 9-1 所示。

表 9-1  PUT 指令和 GET 指令的参数表

| 参　数 | 参　数　值 | 说　　明 |
| --- | --- | --- |
| CAAL"PUT" | : = %DB1 | //调用 PUT，使用背景 DB 块：DB1 |
| REQ | : =%M50.0 | //上升沿触发 |
| ID | : =W#16#101 | //连接号，要与连接配置中一致，创建连接时的本地连接号 |
| DONE | | //为 1 时，发送完成 |
| ERROR | | //为 1 时，有故障发生 |
| STATUS | | //状态代码 |
| ADDR_1 | : =P#M200.0 BYTE 1 | //发送到通信伙伴数据区的地址 |
| SD_1 | : =P#M200.0 BYTE 1 | //本地发送数据区 |
| CALL "GET" | , %DB1 | //调用 GET 指令，使用背景 DB 块：DB1 |
| REQ | : =%M50.0 | //上升沿触发 |
| ID | : =W#16#101 | //连接号，要与连接配置中一致，创建连接时的本地连接号 |

续表

| 参　　数 | 参　数　值 | 说　　明 |
|---|---|---|
| NDR | | //为 1 时，接收到新数据 |
| ERROR | | //为 1 时，有故障发生 |
| STATUS | | //状态代码 |
| ADDR_1 | : =P#M200.0 BYTE 1 | //从通信伙伴数据区读取数据的地址 |
| RD_1 | : =P#M200.0 BYTE 1 | //本地接收数据地址 |

使用 PUT/GET 指令的程序案例如图 9-3 所示，REQ 为控制参数 request，在上升沿时激活数据交换功能；ID 用于指定与伙伴 CPU 连接的寻址参数；SD_1 或 RD_1 为本站传输到另外一个站的变量；ADDR_1 为另外一个站读取本站的变量。

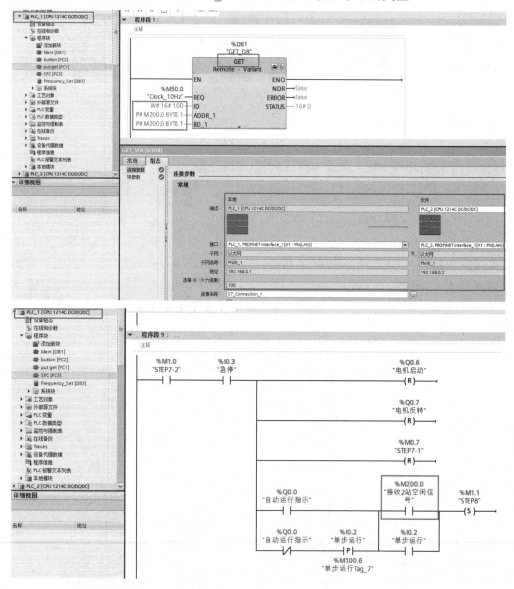

图 9-3　使用 PUT/GET 指令的程序案例

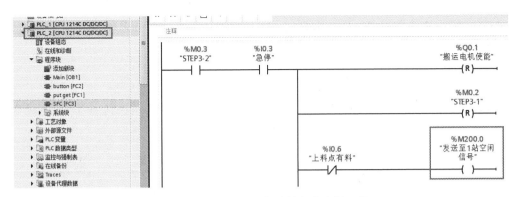

图 9-3　使用 PUT/GET 指令的程序案例（续）

注意：配置通信时，在 PLC 属性中的连接机制中，应勾选"允许来自远程对象的 PUT/GET 通信访问"复选框，如图 9-4 所示。

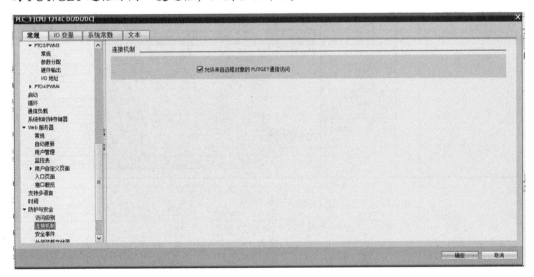

图 9-4　勾选"允许来自远程对象的 PUT/GET 通信访问"复选框

### 2. 精简系列面板的组态

1）西门子 HMI 介绍

在控制领域，HMI（Human Machine Interface，人机界面）一般特指用于操作人员与控制系统之间进行对话和相互作用的专用设备。HMI 可以用字符、图形和动画动态地显示现场数据和状态，操作人员可以通过 HMI 来控制现场的被控对象。此外，HMI 还有报警、用户管理、数据记录、趋势图、配方管理、通信等功能。

西门子 HMI 精简系列面板主要与 S7-1200 PLC 配套，它适用于应用简单、有很高的性价比、有触摸屏和功能可以定义的按键。第一代精简面板用 WinCC flexible 2008 或 TIA 博途软件来组态。第二代精简面板有 4.3in、7in、9in 和 12in 的高分辨率 64K 色宽屏显示器，支持垂直安装，用 TIA 博途 V13 或更高版本组态，有一个 RS-422/RS-485 接口，一个 RJ45 以太网接口和一个 USB2.0 接口。RJ45 以太网接口的通信速率为 10Mbit/s/100Mbit/s。

TIA 博途软件中的 WinCC Professional 可以对精彩系列面板之外的西门子 HMI 组态，精彩系列面板用 WinCC flexible 组态。

2）通过一个案例学习 HMI 的基本使用方法

这里通过电机顺序启动、逆序停止的简单案例学习 HMI 的基本使用方法，如表 9-2 所示。

表 9-2　通过一个案例学习 HMI 的基本使用方法

| 步　　　骤 | 示　意　图 |
|---|---|
| 添加 PLC | 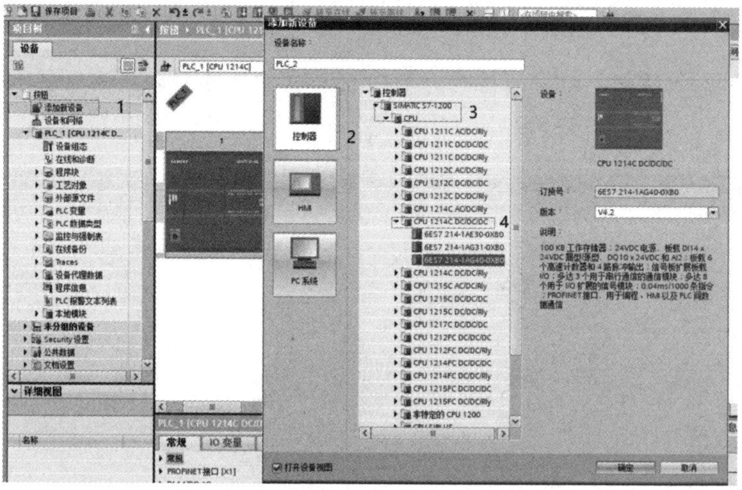 |
| 创建 PLC 变量 | 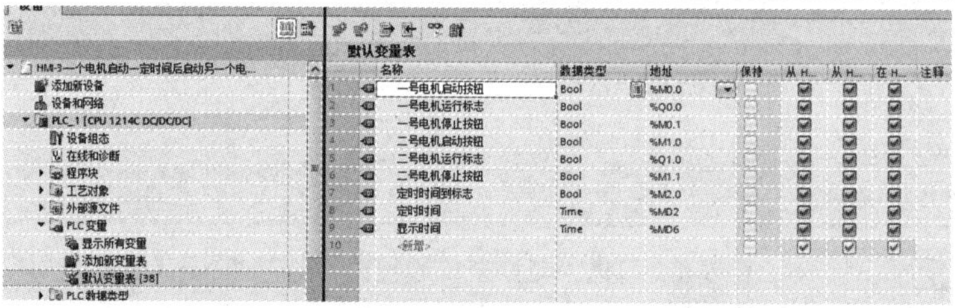 |
| 添加 HMI | 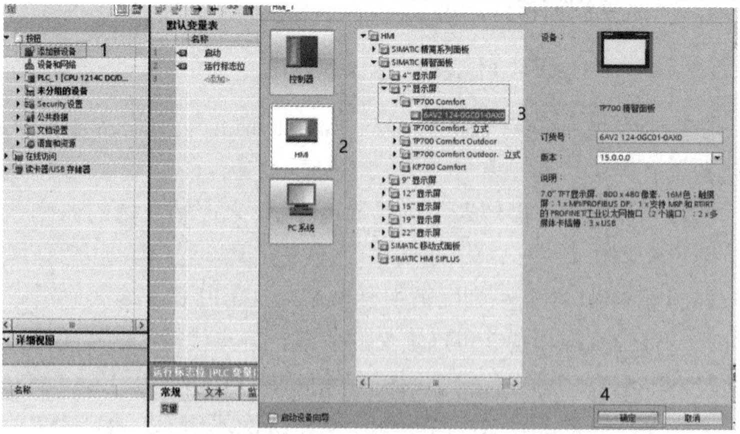 |

续表

| 步　骤 | 示　意　图 |
| --- | --- |
| HMI 连接 PLC | 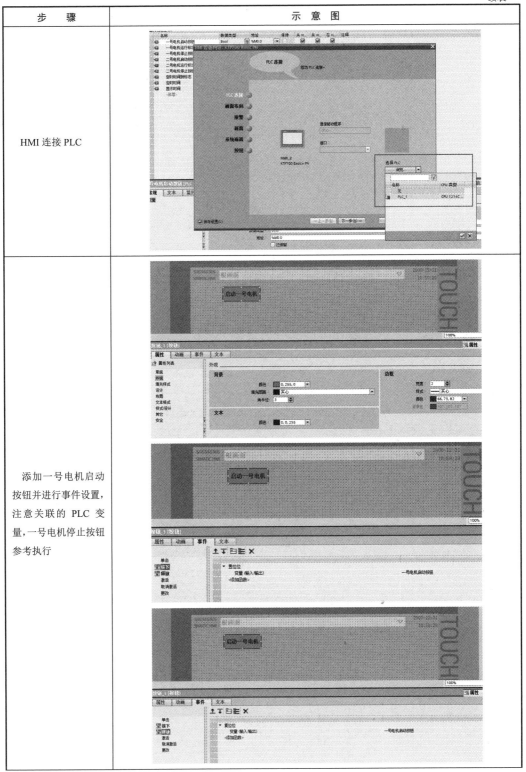 |
| 添加一号电机启动按钮并进行事件设置，注意关联的 PLC 变量，一号电机停止按钮参考执行 | |

续表

| 步　骤 | 示　意　图 |
|---|---|
| 添加一号电机运行指示灯并进行动画设置，注意关联的 PLC 变量 | 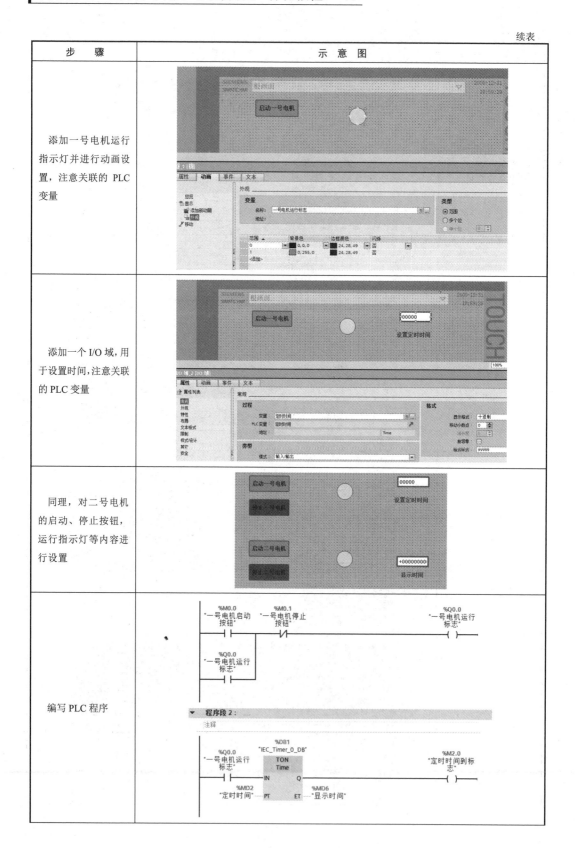 |
| 添加一个 I/O 域，用于设置时间，注意关联的 PLC 变量 |  |
| 同理，对二号电机的启动、停止按钮，运行指示灯等内容进行设置 |  |
| 编写 PLC 程序 |  |

| 步　　骤 | 示　意　图 |
|---|---|
| 编写 PLC 程序 | 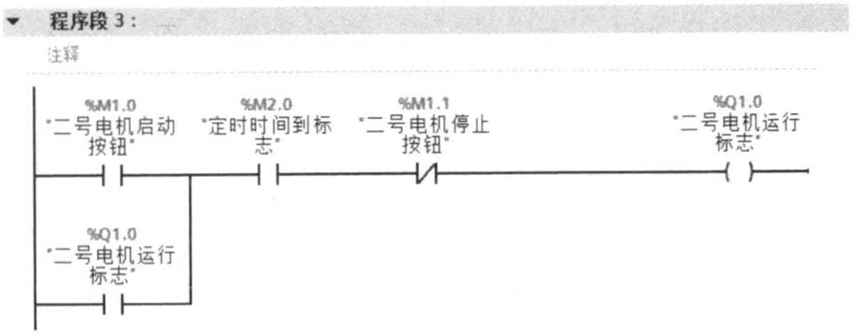 |
| 编译下载（或仿真） | 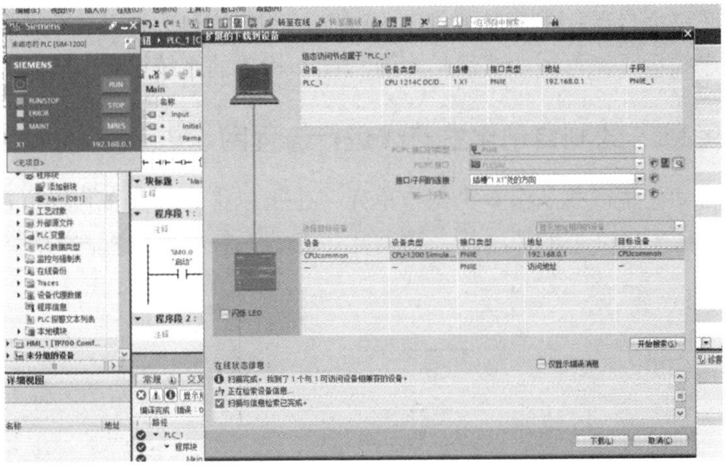 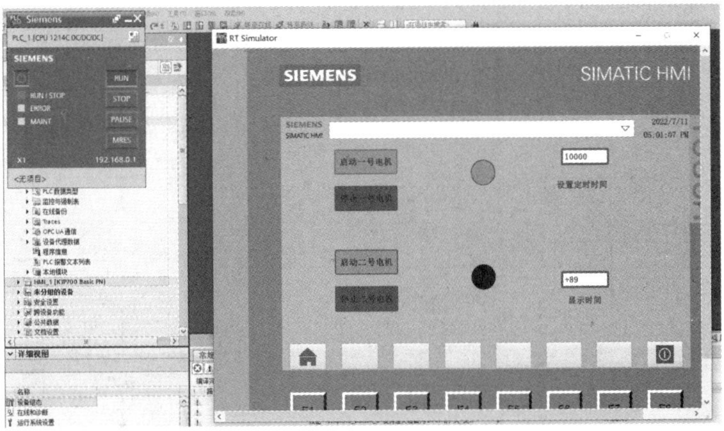 |

◆ **任务实施** ◆

## 任务 9.1　自动化生产线总体安装

在完成了每一个独立的工作单元的安装、编程和调试后，根据自动化生产线整体布局和工作流程，将各个工作单元使用螺钉进行安装连接，在安装过程中应注意以下事项。

（1）6 个工作单元沿工作台面 T 形槽方向的定位，是以主件供料单元传送带为基准的，所以整体安装首先要考虑的是主件供料单元在工作台面上的定位与安装。

（2）安装工作完成后，必须进行必要的检查、局部试验等工作。在投入运行前，应清理工作台上的残留线头、管线、工具等，养成良好的职业习惯。

（3）在各工作单元大致定位以后，暂时不要将固定螺钉完全紧固，可在完成电气接线及电气元器件的有关参数设置后，编制一个简单的测试程序，运行此测试程序，检查各工作单元的定位是否满足任务书的要求，进行适当的微调，最后再将固定螺钉完全紧固。

# 任务 9.2　自动化生产线编程与调试

在进行自动化生产线编程与调试前，首先应熟悉自动化生产线运行流程，绘制自动化生产线运行流程图，然后结合流程图和构建的系统进行编程调试。

## 9.2.1　绘制自动化生产线运行流程图

自动化生产线是由 6 个工作单元（也可以称为 6 个工作站）配合工作的，这 6 个工作站形成一条完整的流水线，自动化生产线系统工作流程图如图 9-5 所示。

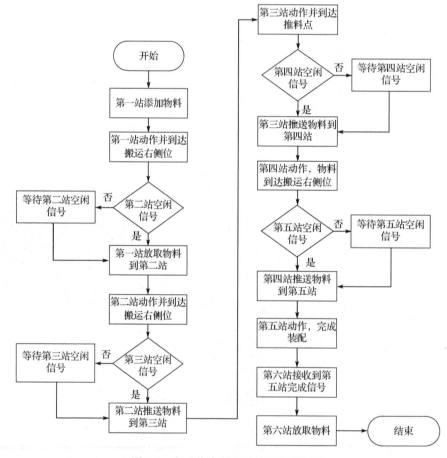

图 9-5　自动化生产线系统工作流程图

系统初始化，初始化完成后设备处于初始状态。

添加物料后，第一站开始动作，当第一站同步带输送组件移动到搬运右侧位时，搬运电机停止正转，在接收到第二站空闲信号后，升降气缸带动气爪下行到第二站的物料承载平台上方，气爪松开将物料放下，同步带输送组件回位。

第二站开始动作，直至物料到达搬运右侧位，当第二站在接收到第三站空闲信号后，升降气缸带动推料气缸下行，推料气缸动作，推料完成后，升降气缸带动推料气缸上行。

第三站开始动作，直至物料到达出料点，在接收到第四站空闲信号后，推料气缸动作，完成推料后，步进电机回原点。

第四站开始动作，当出料点物料检测传感器检测到物料时，搬运电机停止转动，2 号升降气缸带动推料气缸下行，在接收到第五站空闲信号后，推料气缸动作，完成推料后，2 号升降气缸带动推料气缸上行。

第五站开始动作，装配完成后，顶丝拧紧电机停止运转，顶丝推料气缸缩回，定位气缸将物料松开，给第六站发送完成信号。

第六站开始动作，当物料被放入滑槽后，无杆气缸输送组件回到初始位置。

### 9.2.2　系统构建及组态

根据自动化生产线实际情况，进行系统构建及组态。

（1）结合交换机进行如图 9-2 所示的以太网系统构建。

（2）在 TIA 博途软件中依次添加 PLC、HMI 等设备，如图 9-6 所示，建议在线组态，以提高组态的成功率。

（3）为各台设备设置不同的 IP 地址，注意各 IP 地址应处于同一个网段。

（4）为各个 PLC 勾选"允许来自远程对象的 PUT/GET 通信访问"复选框。

（5）在网络视图中进行设备连接，如图 9-7 所示。

图 9-6　添加设备

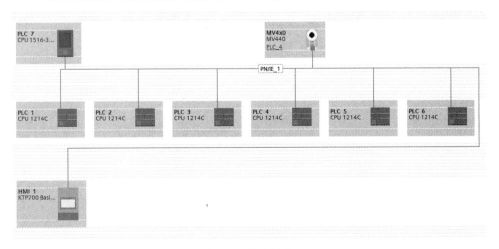

图 9-7　设备连接

（6）组态编译下载。

### 9.2.3　编程与调试

在编程过程中，首先应保证将开关 SA 置于"联机"位置，然后结合各个工作站的工作流程、通信功能等内容对各个工作站进行编程，建议在每个 PLC 程序中分别添加 3 个 FC 块，分别对应按钮程序、顺序动作程序（步骤程序）和通信程序，然后在 OB 块中调用 3 个 FC 块，如图 3-19 所示，这样可以保证程序逻辑结构的清晰，也便于程序的阅读和修改。

编程完成后，分别对各个设备进行程序下载并进行不断调试，直至满足要求为止。

## 项目测评

请以小组为单位完成自动化生产线总体安装与调试，完成后将小组成员按照贡献大小进行排序，由指导老师结合表 9-3 所示的项目测评表和小组成员贡献大小对小组成员进行评分。

表 9-3　项目测评表

| 测评项目 | | 详细要求 | 配分 | 得分 | 评判性质 |
|---|---|---|---|---|---|
| 职业素质 | 安全操作 | 出现带电插拔编程线、信号线、电源线、通信线等行为，每次扣 2 分 | 2 | | 主观 |
| | 设备、工具仪器操作规范 | 出现过度用力或用不合适的工具敲打、撞击设备等行为，每处扣 1 分 | 2 | | 主观 |
| | 6S 管理 | （1）在工作过程中，将剥落的导线皮、线头、纸屑等放置于设备台面上，每处扣 0.5 分。（2）任务完成后，将工具、不用的导线及其他耗材物品放置于工作台，地面不整洁，桌凳等未按规定位置放好，每处扣 0.5 分。以上内容扣完为止 | 2 | | |
| | 穿戴规范 | 穿着工作服、绝缘工作鞋及必需的人身防护用品，不符合规定的每处扣 0.5 分，扣完为止 | 2 | | |
| | 工作纪律、文明礼貌 | 团队有分工有合作，遵守工作纪律，尊重教师和工作人员，文明礼貌等。违反规定的每处扣 0.5 分，扣完为止 | 2 | | 主观 |
| | 知识产权 | 出现抄袭情况，全部成绩同时记 0 分 | | | |
| 编程调试及优化 | 编程调试 | 根据动作未完成情况进行扣分 | 80 | | |
| | 程序优化 | 程序逻辑结构应合理、清晰，便于理解和阅读，视情况扣分 | 10 | | 主观 |

## 思考练习及知识拓展

在调试过程中，遇到的问题有哪些？可能的原因有哪些？如何解决？

## 思政元素及职业素养元素

（1）工匠精神。

在安装与调试过程中，务必养成认真负责的工作态度、一丝不苟的工作作风和敬业、精益、专注的工匠精神；爱护每一台实训实验设备，严格按照流程图规定的顺序进行拆装；现场做到 6S 管理，按规定次序摆放各类零部件、工具和量具；课后及时清理工作场地。

（2）安全生产。

在安装与调试过程中，务必注意安全生产，坚决禁止带电拆装设备，杜绝一切安全事故的发生；离开现场前，必须关闭窗户和电源。

（3）团队合作。

安装与调试内容较多，相对比较复杂，建议组建实践团队，团队成员既有分工又有合作，共同完成该任务。

# 项目 10　自动化生产线数字化仿真与虚拟调试

**项目描述**

按照自动化生产线系统的要求，在规定时间内完成自动化生产线数字化仿真与虚拟调试等内容。

**知识技能及素养目标**

（1）掌握使用 PLC 与智能制造数字化产线仿真系统进行数字化仿真的基本方法和步骤。

（2）掌握使用 NX MCD 进行虚拟调试的基本方法和步骤。

（3）能独立完成 6 个工作站的数字化仿真和虚拟调试。

（4）培养勤思考、多动手的习惯。

（5）培养认真负责的工作态度、一丝不苟的工作作风和敬业、精益、专注的工匠精神。

◆ **知识准备** ◆

## 1．智能产线虚拟调试平台

虚拟现实技术在工业领域中已有较为广泛的应用，通过虚拟现实技术创建出物理制造环境的数字复制品，可以用于测试和验证产品设计的合理性。智能产线虚拟调试平台通过构建智能产线的数字化双胞胎模型，可以在设计开发阶段，即没有硬件设备实体的情况下，实现自动化控制工程的开发与调试，验证生产工艺的合理性并改进优化。例如，在计算机上模拟整个生产过程，包括机械部件、电气设备、传感器、电机等，可以在虚拟环境中对生产工艺过程进行测试和验证。

智能制造数字化产线仿真系统是一款针对离散行业智能制造综合实训系统（IFAE）硬件设备实体开发的软件。它模拟了一种触点开关的组装过程，包含供料、检测、方向调整、组装、分拣等常见典型工艺过程；通过对 IFAE 各个工作站的模拟仿真，在三维场景中真实还原了 IFAE 硬件实体所表现的工艺过程；能够支持工业以太网通信方式，可直接与 PLC 建立连接，从而实现对各个工作站的控制。

IFAE 真实产线是通过以太网的通信方式与真实 PLC 通信并进行数据交互的，而虚拟调试系统不仅可以与真实的 PLC 进行以太网通信，而且可以与 PLCSIM Advanced 进行通信，实现 PLC 对虚拟调试系统的控制。拓扑结构如图 10-1 所示。

## 2．NX MCD 及虚拟调试介绍

NX MCD（NX Mechatronics Concept Designer，NX 机电一体化概念设计）是西门子推出的机电一体化概念设计解决方案，MCD 通过逼真的仿真环境扩展了 NX 的经典 CAD 设计功能，在该环境中可以映射物理作用力对运动物体的影响。通过机器的功能模型和数字化双胞胎模型，可以使用原始控制程序仿真测试机器行为。

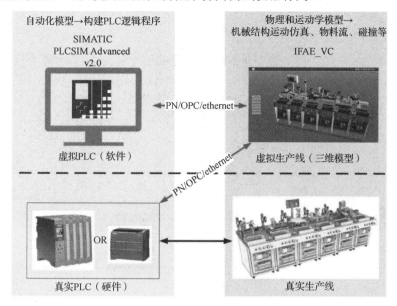

图 10-1 拓扑结构

NX MCD 等一系列软件将机械自动化与电气和软件结合起来，组成了包括机械、机电、传感器、驱动等多个领域部件的概念设计。基于西门子 NX MCD 等软件系统构建的平台，工程师们可以对机械设计、电气自动化等进行专业的 3D 建模，将虚拟模型与 PLC 进行连接，实现软件在环仿真调试，对产品的可靠性进行验证。NX MCD 能够满足日益提高的生产要求，不断提高机械的生产效率、缩短设计周期、降低成本，在工业发展中越发重要。

虚拟调试是在仿真级的基础上进行工作的，以工艺规划→生产线设计、设备设计→自动化设计→自动化工程流程，构建一台虚拟的生产线设备，在此基础上进行虚拟调试，完成一体化的仿真和验证。通过使用 NX MCD 工具的虚拟调试功能，能够大大缩短产品生产周期，如图 10-2 所示。

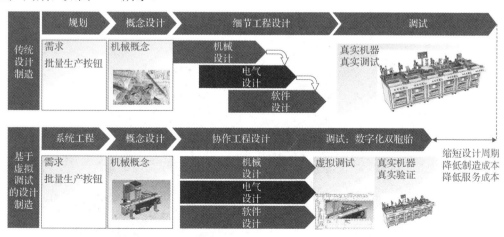

图 10-2 虚拟调试的优势

对于一个完整的自动化系统而言，我们可以将其抽象地分为：自动化模型、电气和

201

动作模型、物理和运动模型。由于篇幅有限，本项目只是对单台设备进行简单仿真，只需要仿真生产设备和自动化两个环节，构建自动化模型、物理和运动模型，配合 TIA 博途软件实现虚拟调试即可，如图 10-3 所示。

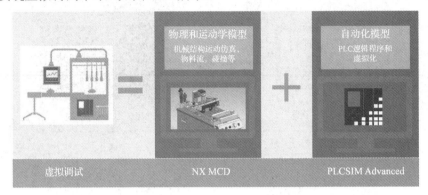

图 10-3　虚拟调试的实施环境

◆ **任务实施** ◆

## 任务 10.1　使用 PLC 与仿真系统进行数字化仿真

在使用 PLC 与智能制造数字化产线仿真系统进行数字化仿真前，首先应熟悉智能制造数字化产线仿真系统的基本操作，然后在此基础上结合操作步骤和编程分别对 6 个工作站进行数字化仿真，最后结合 6 个工作站的 PLC 连接及对应的 PLC 程序，实现六站联调。

### 10.1.1　熟悉智能制造数字化产线仿真系统的基本操作

以第一站（主件供料单元，也称主件供料站）为例，说明智能制造数字化产线仿真系统的基本操作，其余 5 个工作站的操作步骤基本类似。

打开智能制造数字化产线仿真系统后，进入如图 10-4 所示的界面。

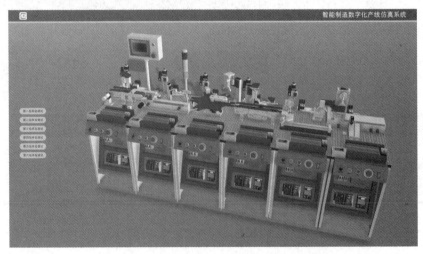

图 10-4　智能制造数字化产线仿真系统界面

单击"第一站单站调试"按钮就可以进入主件供料站主界面，如图 10-5 所示。

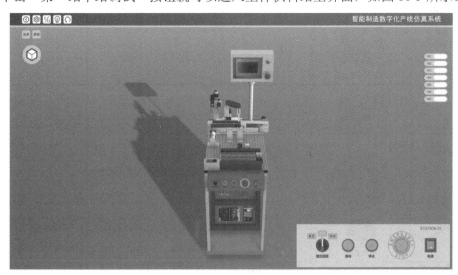

图 10-5　主件供料站主界面

系统功能块介绍如表 10-1 所示。

表 10-1　系统功能块介绍

| 类　型 | 图　标 | 名　称 | 介　绍 | 显示结果 |
|---|---|---|---|---|
| 系统功能<br>（1、2） | | "通讯"配置 | 单击图标后，弹出 PLC<br>"通讯"配置界面 | 如图 10-6 所示 |
| | | "通讯"指示灯 | 系统与 PLC"通讯"成功<br>后，亮起绿灯 | 如图 10-7 所示 |
| | 总体 局部 | 视角总体、布局 | 分别单击"总体""布局"<br>按钮，进入不同的视角 | |
| | | 添加物料 | 单击图标后，会将物料放<br>置于上料点 | 上料点处有红色或者<br>白色物料 |
| | | 返回 | 单击图标后，返回工作站<br>选择界面 | |
| | I/O | I/O 列表 | 单击图标后，出现工作站<br>的 I/O 列表 | 如图 10-8 所示 |
| | | 重置场景 | 单击图标后，工作站恢复<br>初始状态 | 工作站断电、"通讯"中<br>断、清除物料 |
| 操作功能<br>（3） | 复位 手动 自动<br>模式选择 | 复位、手动、自动<br>模式切换 | 启动电源后，单击图标，<br>工作站会在复位模式、手动<br>模式、自动模式间切换 | 处于任何一个工作模<br>式时，该图标为灰色，其<br>他两种工作模式的图标<br>为黑色 |
| | 复位 手动 自动<br>模式选择 | 自动模式 | 自动连续运行模式 | |

续表

| 类　　型 | 图　标 | 名　　称 | 介　　绍 | 显 示 结 果 |
|---|---|---|---|---|
| 操作功能（3） | | 手动模式 | 手动单步运行模式 | |
| | | 复位模式 | 复位模式 | |
| | | 急停按钮 | 单击图标，用于模拟急停按钮 | |
| | | 电源开关 | 单击图标，可开启或关闭电源 | 开启电源后，电源指示灯为绿色高亮模式 |
| 显示功能（4） | 1B1 | 传感器 1B1（搬运初始位） | 检测电机位置 | 搬运电机位于初始位置时，传感器亮起 |

图 10-6　"通讯"配置界面

图 10-7　"通讯"成功显示

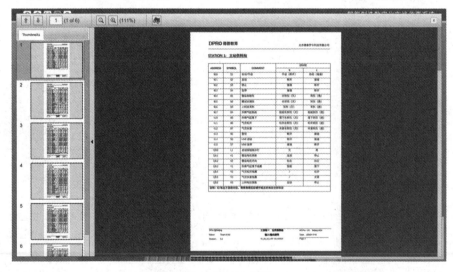

图 10-8　I/O 列表

剩余传感器见表 10-2。

表 10-2　传感器介绍

| B1 | B2 | B3 | B4 | B5 | B6 | B7 |
|---|---|---|---|---|---|---|
| 搬运初始位 | 搬运右侧位 | 上料点检测 | 升降气缸抬起 | 升降气缸落下 | 气爪松开 | 气爪夹紧 |

## 10.1.2　使用 PLC 与仿真系统进行虚拟调试

同样以第一站（主件供料站）为例，说明使用 PLC 与智能制造数字化产线仿真系统进行虚拟调试的基本操作，其余 5 个站的操作步骤基本类似。

（1）打开 TIA 博途软件，新建项目并命名，如图 10-9 所示。

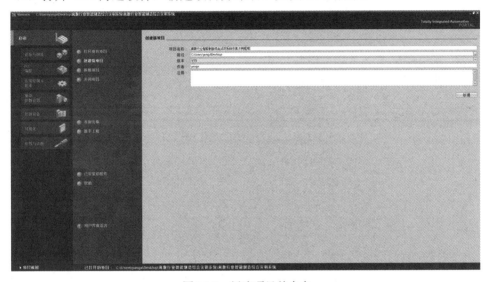

图 10-9　新建项目并命名

（2）添加新设备，这里使用实际设备 PLC，型号为"CPU 1214C DC/DC/DC-6ES7 214-1AG40-0XB0"，版本号为 V4.0，如图 10-10 所示。

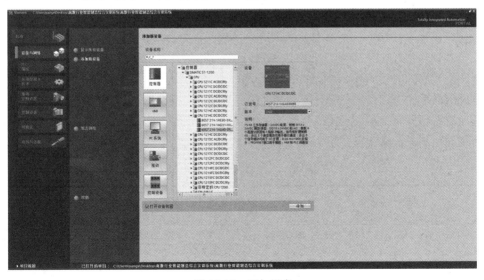

图 10-10　添加设备

（3）导入示例程序，建立新的子网连接，将 PLC 的 IP 地址设置为"192.168.0.1"，如图 10-11 所示。

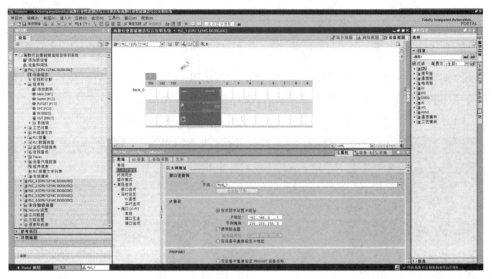

图 10-11　设置 PLC 的 IP 地址

（4）将示例程序编译、下载至真实 PLC 中。

**注意**：PLC 编程思路和逻辑与项目 1 基本类似，需要读者自行完成。

（5）打开仿真软件，并进入主件供料站。

（6）单击"通讯"配置图标，编辑 PLC 的 IP 地址（192.168.0.1）、DB 块序号（DB20、DB21）（务必要与 PLC 程序完全对应），单击"确定"按钮后，"通讯"成功时指示灯亮起绿色。

（7）手动模式运行，即单步动作，放入物料后，每单击一次"启动"按钮，工作站按照工艺流程动作一次。

（8）自动模式运行，即连续动作，放入物料后，只需要将工作站选择至自动模式即可，工作站将按照工艺流程及程序逻辑运行。

（9）当在运行过程中发生故障时，应进行复位。首先单击"停止"按钮，将挡位打到复位挡，单击"启动"按钮，复位完成后，"启动"按钮指示灯会闪烁；然后单击"重置场景"按钮即可完成复位。

主件供料站的 I/O 表如表 10-3 所示。

表 10-3　主件供料站的 I/O 表

| 地　　址 | 符　　号 | 说　　明 | 状　　态 | |
|---|---|---|---|---|
| | | | 0 | 1 |
| I0.0 | S1 | 自动/手动 | 手动（断开） | 自动（接通） |
| I0.1 | S2 | 启动 | 断开 | 接通 |
| I0.2 | S3 | 停止 | 接通 | 断开 |
| I0.3 | S4 | 急停 | 接通 | 断开 |

续表

| 地　　址 | 符　　号 | 说　　明 | 状　　态 | |
| --- | --- | --- | --- | --- |
| | | | 0 | 1 |
| I0.4 | B1 | 搬运初始位 | 未到位（灭） | 到位（亮） |
| I0.5 | B2 | 搬运右侧位 | 未到位（灭） | 到位（亮） |
| I0.6 | B3 | 上料点有料 | 无料（灭） | 有料（亮） |
| I0.7 | B4 | 升降气缸抬起 | 抬起未到位（灭） | 抬起到位（亮） |
| I1.0 | B5 | 升降气缸落下 | 落下未到位（灭） | 落下到位（亮） |
| I1.1 | B6 | 气爪松开 | 松开未到位（灭） | 松开到位（亮） |
| I1.2 | B7 | 气爪夹紧 | 夹紧未到位（灭） | 夹紧到位（亮） |
| I1.3 | S5 | 复位 | 断开 | 接通 |
| I1.4 | S6 | HMI 启动 | 断开 | 接通 |
| I1.5 | S7 | HMI 急停 | 接通 | 断开 |
| Q0.0 | L1 | 启动按钮指示灯 | 灭 | 亮 |
| Q0.1 | K1 | 搬运电机使能 | 运动 | 停止 |
| Q0.2 | K2 | 搬运电机方向 | 向左 | 向右 |
| Q0.3 | Y1 | 升降气缸落下线圈 | 抬起 | 落下 |
| Q0.4 | Y2 | 气爪松开线圈 | — | 松开 |
| Q0.5 | Y3 | 气爪夹紧线圈 | — | 夹紧 |
| Q0.6 | K3 | 上料电机使能 | 运动 | 停止 |

　　注：由于篇幅有限，这里只给出了主件供料站的 I/O 表，其余 5 个站的 I/O 表请联系作者。六站联调的方法与实际 IFAE 的方法类似，需要 6 个 PLC 并建立新的子网连接，将 6 个 PLC 连接到统一子网上，如图 10-12 所示。

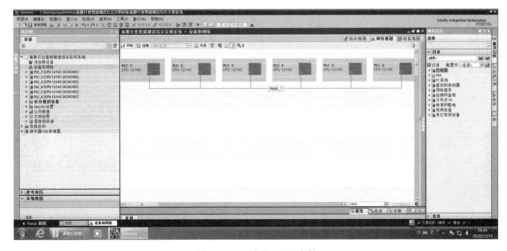

图 10-12　建立子网连接

## 任务 10.2　使用 NX MCD 进行虚拟调试

　　该任务以方向调整单元（也称方向调整站）为例，通过 NX MCD 模拟真实设备的物理和运动学模型，TIA 博途软件和 PLCSIM Advanced 模拟自动控制模型，电气和动作模型在仿真中暂不考虑。通过上述软件环境来实现对设备生产过程中物料流、信息流和能量流的仿真，以及软件在环调试，模拟真实设备的运行。

### 10.2.1 导入模型

NX 支持多种格式的文件，使用其他格式模型时只需要将模型导入。这里使用的模型格式为 IGES。

（1）打开 NX 软件，选择"新建"→"模型"命令，自定义名称和文件的存放位置。因为后期需要解压的文件零件数较多，所以建议新建一个文件夹。

（2）在文件中选择"导入"→"IGES"命令，在弹出的工作栏中选择要导入文件的位置。确定之后开始导入，如图 10-13 所示。时间比较久，请耐心等待。

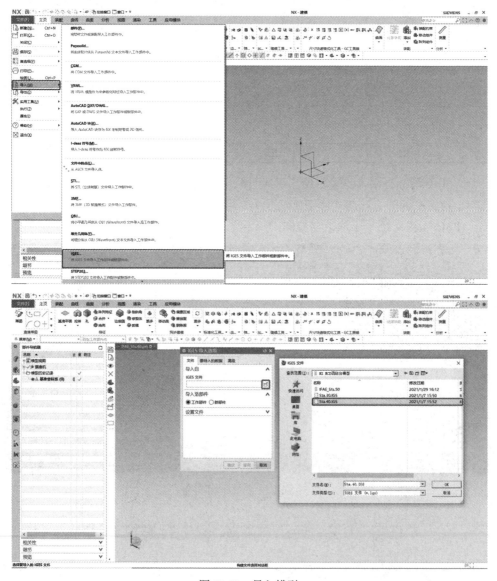

图 10-13　导入模型

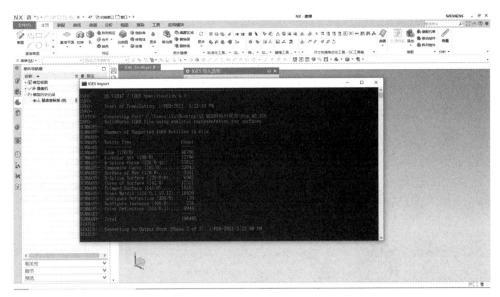

图 10-13　导入模型（续）

（3）导入的模型基准位置可能不正确，需要对模型位置进行一些调整。选择"装配"→"移动组件"命令。在弹出的工作栏中选择整个模型，按住鼠标左键拖曳全选，如图 10-14 所示。选择"指定方向"，模型上出现坐标系，将鼠标移动到需要旋转方向的坐标系的中间点处，等待出现粉红色箭头，按住鼠标左键拖曳，对模型进行旋转，如图 10-15 所示。

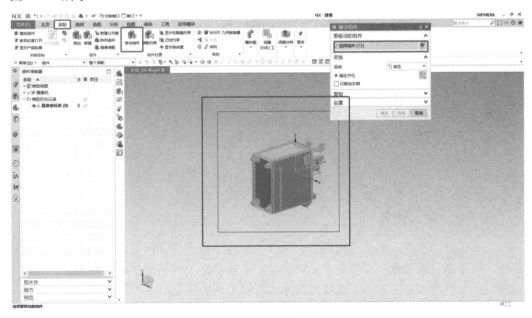

图 10-14　移动模型

（4）其他方向角度的调整方法完全相同，请参考上述步骤，模型效果如图 10-16 所示，完成后保存。

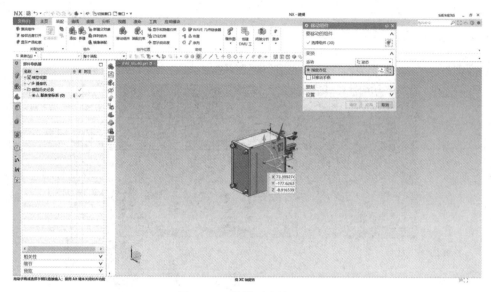

图 10-15　将模型旋转 90°

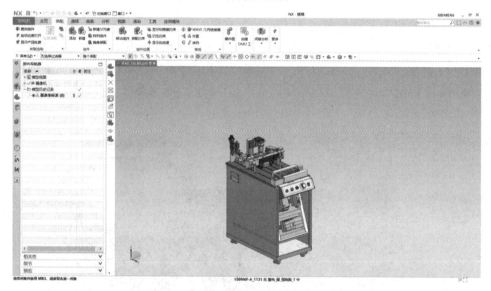

图 10-16　模型效果

## 10.2.2　定义刚体

定义模型为刚体，赋予模型重力属性，告知系统哪些模型可以运动。在定义刚体过程中，可以通过滚动鼠标滚轮放大运动模型，单击鼠标滚轮移动鼠标旋转视图，到最佳视图角度。使用 NX 的各个工具和视图方式能够大大加快编辑进程。

（1）打开模型并配置工作环境，再次打开模型时，只需要在保存位置选取刚刚保存的"Sta.40"文件，选择"打开"→"Sta.40"→"选项"→"加载最新的"命令，如图 10-17 所示。配置工作环境，选择"应用模型"→"更多"→"机电概念设计"命令，进入 NX MCD 环境中，如图 10-18 所示。

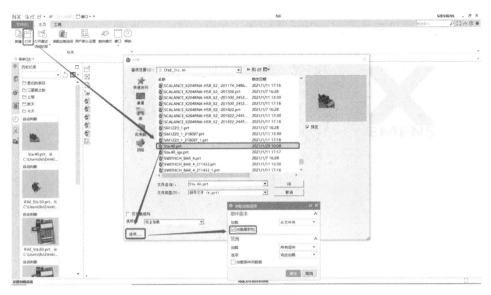

图 10-17　打开模型

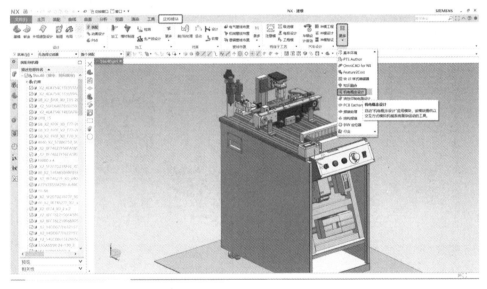

图 10-18　配置工作环境

（2）调整视图隐藏部分零件，方便后续操作，按住鼠标左键拖曳矩形框，选中需要隐藏的零件。单击上边条框"⬚ ▾"按钮，选择"隐藏"命令 ⊘ 隐藏，隐藏无关零件，如图 10-19 所示。如果视图被调整乱了，那么可以按下 Home 键将视图调整到合适的视图角度。

（3）通过装配体导航器快速选取目标模型添加刚体，选择左侧资源条"🗃"，将装配体导航器显示出来，单击"🗃"按钮，选中"选择对象"命令，在左侧导航器中选择需要的模型，然后定义物料，如图 10-20 所示。

🛈 **注意**：只有选择对象栏变为橙色时，才可以选中目标零件。

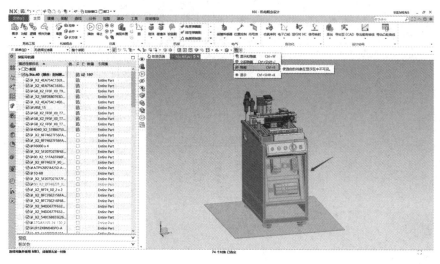

图 10-19　隐藏无关零件

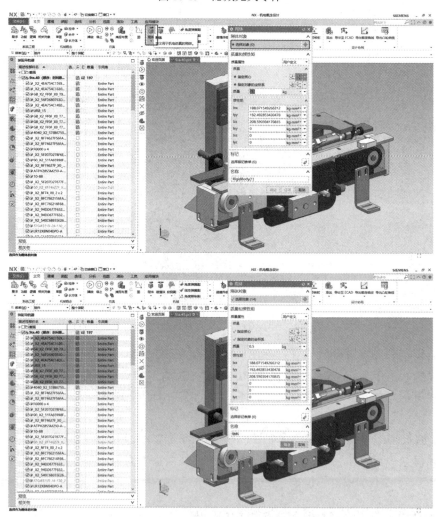

图 10-20　定义物料为刚体

（4）可以通过筛选器选择模型并添加刚体。单击"🐷"按钮，选择"选择对象"命令，在上边条框处选择"组件"命令。单击鼠标选择 3D 模型，如图 10-21 所示。

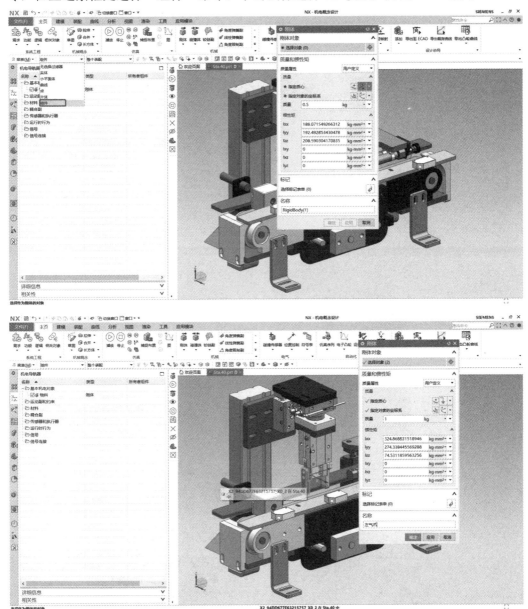

图 10-21　通过筛选器选择模型

（5）通过调整视图模式便于添加刚体，通过使用截面视图来快速选中无法直接选取的模型内部。首先选择"视图"→"编辑截面"命令，然后对出现的绝对坐标系进行拖曳调整，以达到所需要的视图效果，最后添加刚体，如图 10-22 所示。

（6）依次添加"右气爪"、"旋转气缸"、"升降气缸 1"和"升降气缸 2"刚体，如图 10-23 所示。

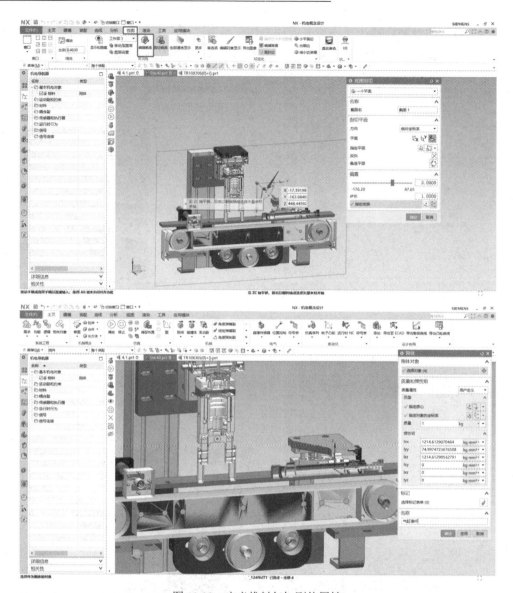

图 10-22　定义推料气缸刚体属性

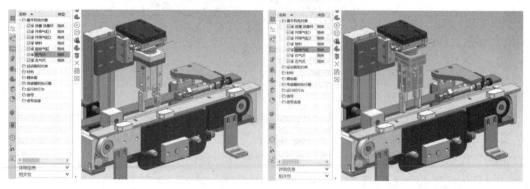

图 10-23　依次添加刚体

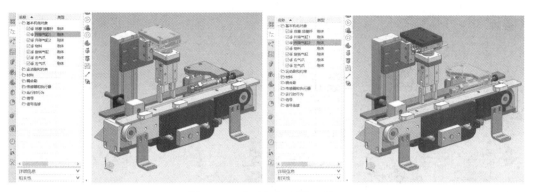

图 10-23　依次添加刚体（续）

### 10.2.3　定义碰撞体

两个相同类型的碰撞体相互作用能够产生碰撞效果，为模型赋予碰撞体特性，让它具有物理状态下的接触力和碰撞属性。

（1）添加物料的碰撞体。依旧切换到"装配导航器"显示界面，单击"碰撞体"按钮，选择"选择对象"命令，选择目标零件"物料"，将碰撞形状修改为"凸多面体"，如图 10-24 所示。

**注意：**根据所选模型的形状，选择不同的碰撞形状。

在选择多面体和网格面时，选择的精度越高，模型面越复杂，计算机的负荷越大。非特殊情况不建议使用网格面。可以查看摩擦因数，摩擦因数影响物料在传送带上的传送效果，摩擦因数过小会导致物料发生相对滑动，在碰撞体工作栏中单击"▦"按钮，进入碰撞材料工具栏，一般情况下默认动摩擦因数为 0.7，静摩擦因数为 0.7，无须修改，如图 10-25 所示。

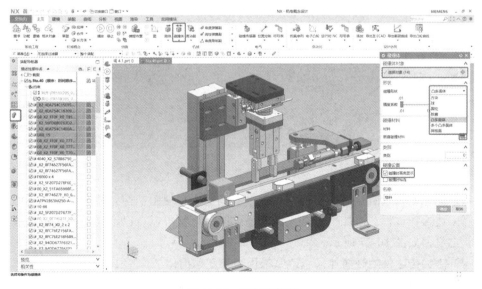

图 10-24　添加碰撞体

215

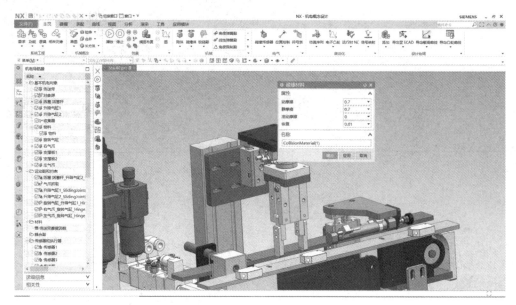

图 10-25　查看材料摩擦因数

（2）添加推料气缸活塞、活塞杆的碰撞体，操作方法与前述过程一致，如图 10-26 所示。

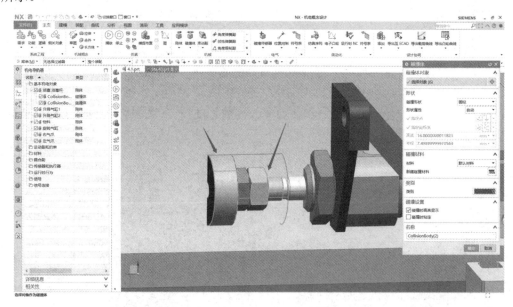

图 10-26　添加圆柱形刚体

（3）添加推料气缸缸筒为碰撞体，这里我们需要将视图切换到截面视图，具体步骤请参照上述操作过程。添加气缸缸筒的碰撞体时，形状可以自己定义，不必完全根据模型形状定义，如图 10-27 所示。

（4）添加传送带的碰撞体，修改摩擦因数，在碰撞体工作栏中单击"⬛"按钮，依次将动摩擦因数改为 1.5，将静摩擦因数改为 1.5，其他参数不做更改。将碰撞材料命名为"传送带摩擦因数"，完成后确认，如图 10-28 所示。

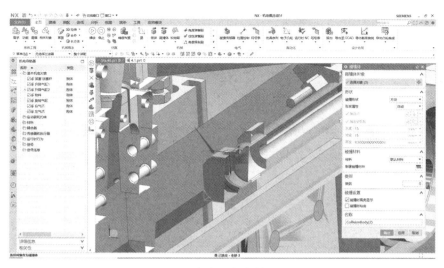

图 10-27　添加气缸缸筒碰撞体

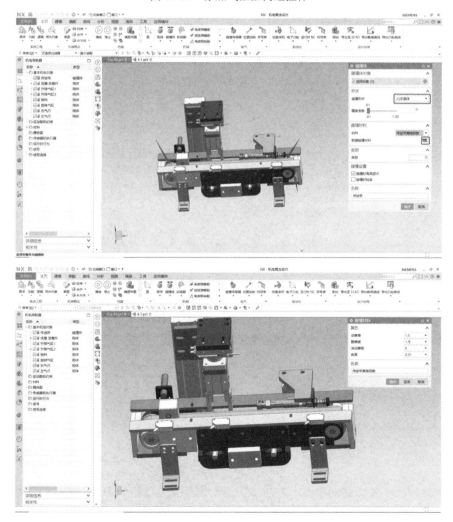

图 10-28　添加传送带碰撞体

（5）添加两侧支撑板的碰撞体，将碰撞属性修改为"多个凸多面体"，完成后确认，如图 10-29 所示。

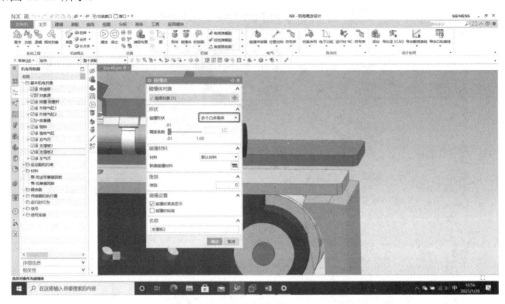

图 10-29　添加支撑板碰撞体

（6）依次添加"右气爪"、"左气爪"、"支撑板 1"和"支撑板 2"的碰撞体属性，如图 10-30 所示。

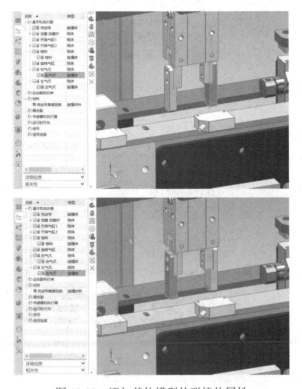

图 10-30　添加其他模型的碰撞体属性

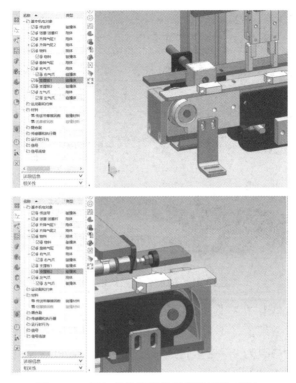

图 10-30　添加其他模型的碰撞体属性（续）

（7）添加传输面，选择传送带模型为"选择面"，运动类型为"直线"，指定矢量为 $y$ 轴方向，将平行速度暂时设为 20mm/s，碰撞材料选择"低摩擦因数"选项，如图 10-31 所示。

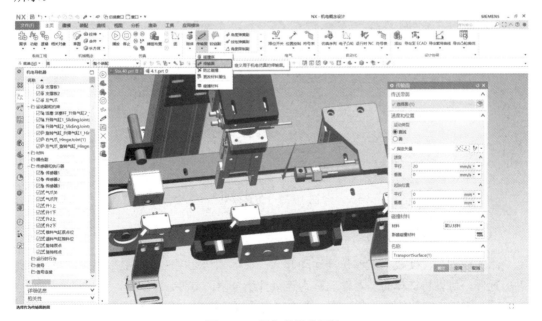

图 10-31　添加传送带属性

219

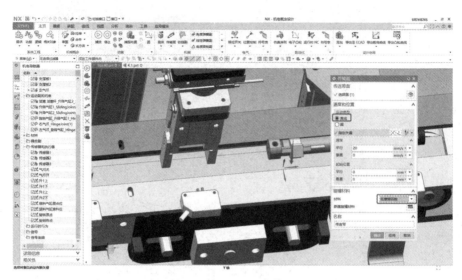

图 10-31　添加传送带属性（续）

（8）设置完成后单击"⊳"按钮，传送带开始向前运动运送物料。其他被定义的刚体全部掉落，这是正常现象，不用担心，因为其他刚体还没有添加运动副和约束。测试完成后将传送带速度修改为 0，这里传送带的速度由外部 PLC 信号和公式赋值，不需要设置。仿真效果如图 10-32 所示。

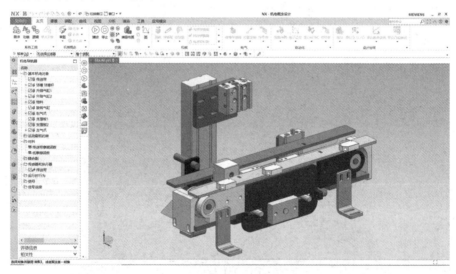

图 10-32　仿真效果

## 10.2.4　添加运动副

添加运动副，使模型能够仿真运动起来。在添加运动副的过程中，连接件是发生运动的零件，可以将选择的基本件理解为连接件所依附的零件。

（1）添加推料气缸的推料动作。单击"滑动副"按钮，连接件选择"活塞 活塞杆"；基本件选择"升降气缸 2"，偏置为 0.1mm，上限为 30mm，下限为 0；矢量轴选择"推料气缸"推料的方向，如图 10-33 所示。

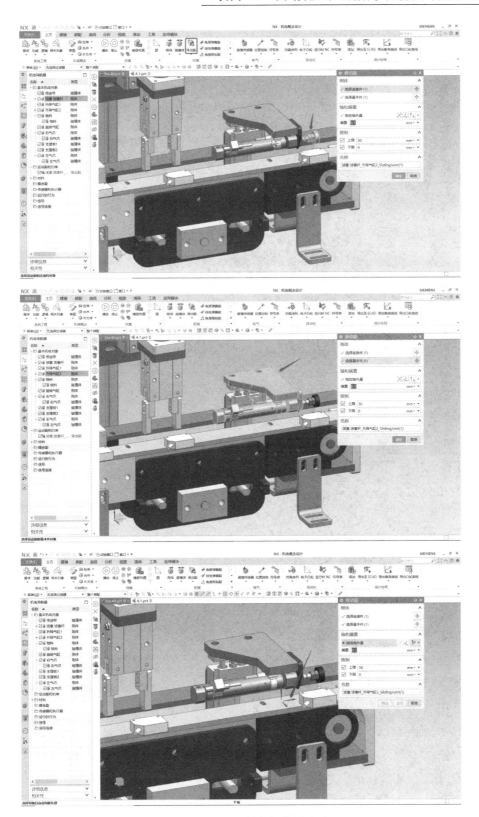

图 10-33　添加推料气缸的滑动副

（2）依次添加"升降气缸 1"和"升降气缸 2"的滑动副。这里由于升降气缸不需要跟随其他模型运动，所以不选择基本件，如图 10-34 所示。

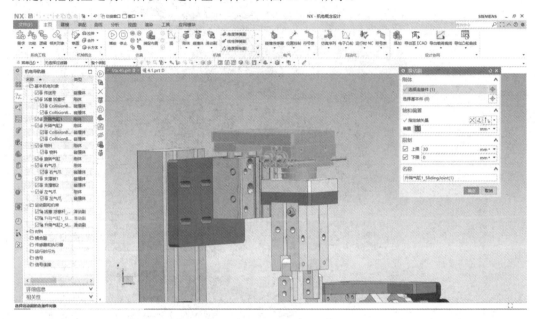

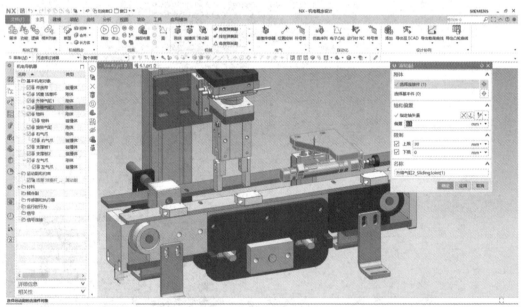

图 10-34　添加两个升降气缸的滑动副

（3）添加铰链副。依次选择连接件和基本件，如图 10-35 所示。指定锚点，开启圆弧中心捕捉" ◉ "，选中如图 10-36 所示的圆心。选择 z 轴方向为矢量轴方向。选择限制范围上限为 180°，下限为 0°，如图 10-36 所示。

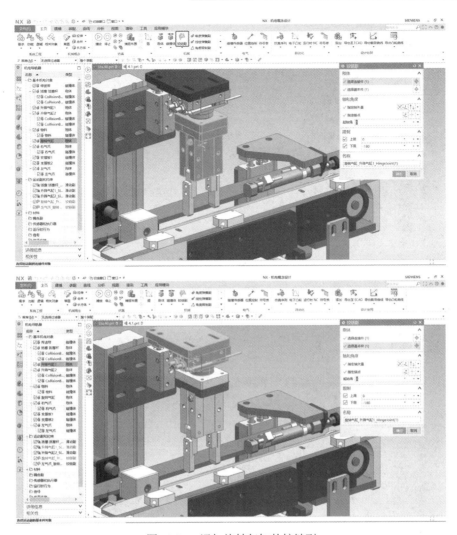

图 10-35　添加旋转气缸的铰链副

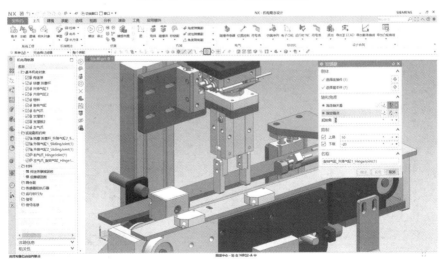

图 10-36　指定旋转角度和矢量

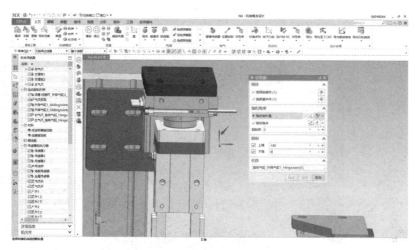

图 10-36    指定旋转角度和矢量（续）

（4）依次添加左气爪和右气爪的铰链副，添加方法参考上述步骤，左气爪的限制范围上限为 10°，下限为-20°；右气爪的限制范围上限为 10℃，下限为-20°，如图 10-37 所示。

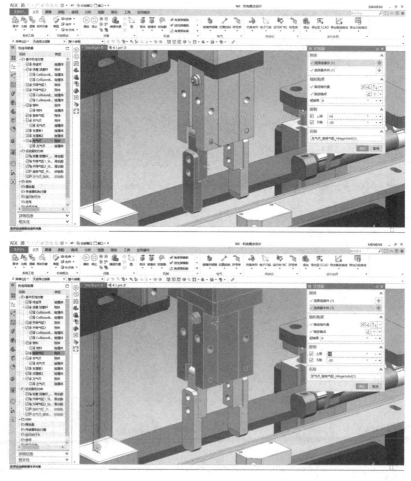

图 10-37    添加气爪的铰链副

### 10.2.5　定义传感器

下面通过添加碰撞传感器来模拟真实传感器，实现通过仿真传感器检测信号。

（1）添加碰撞传感器。打开"碰撞传感器"菜单，选择碰撞形状为"直线"，选择形状属性为"用户定义"，如图 10-38 所示。选取传感器模型边缘作为基本点，如图 10-39 所示，选取时注意开启上边条框的对象捕捉"  "，选中指定坐标系栏，在模型任意处右击，出现坐标系，然后将鼠标指针移至旋转点，旋转坐标系，如图 10-40 所示。

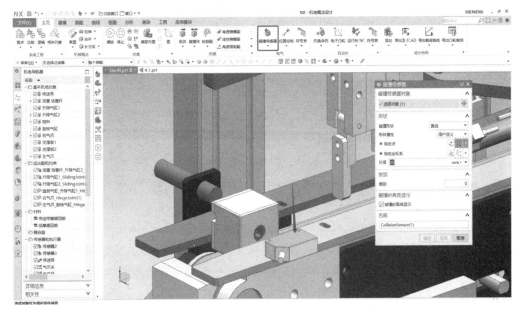

图 10-38　添加传感器

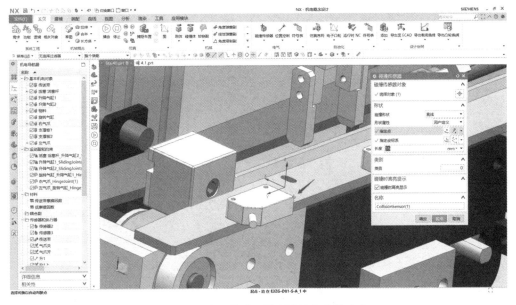

图 10-39　选取传感器模型边缘作为基本点

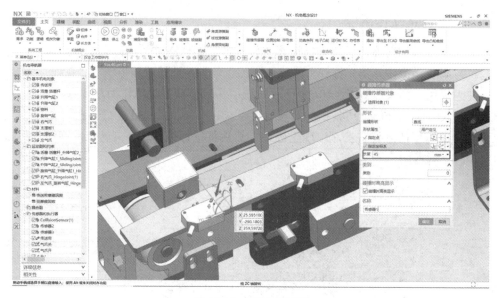

图 10-40　旋转坐标系

（2）添加圆柱形传感器，检测物料正面的突起部分，用来代替金属传感器检测正面金属，添加方法与前面的操作方法基本一致，只需要将碰撞形状修改为"圆柱"即可，如图 10-41 所示。

（3）依次添加传感器 2 和传感器 3，如图 10-42 所示。

（4）添加升降气缸的上限限位开关，选择"限位开关"命令，限位开关选择的对象只能为运动副，选择"升降气缸 1"的运动副，参数名称选择"定位"，选择启用上限并设置上限值为 29。上、下限的检测值应稍小于实际运动范围的上、下限值，如图 10-43 所示。

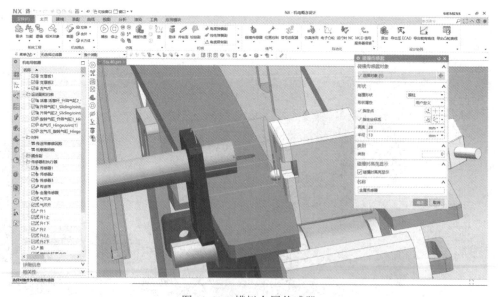

图 10-41　模拟金属传感器

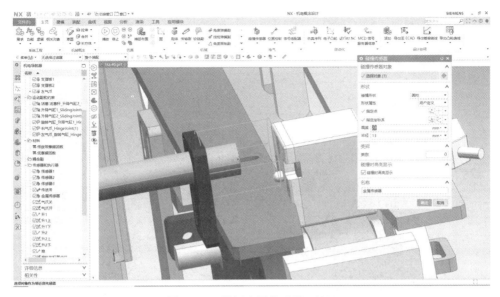

图 10-41 模拟金属传感器（续）

图 10-42 添加传感器 2 和传感器 3

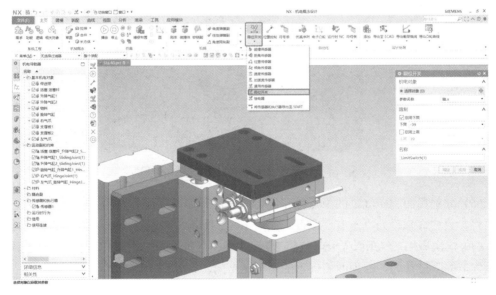

图 10-43 添加升降气缸的上限限位开关

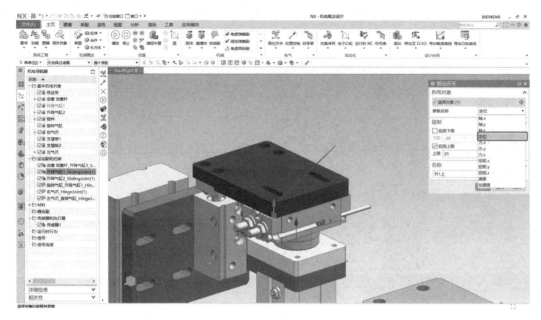

图 10-43　添加升降气缸的上限限位开关（续）

（5）使用相同的方法添加升降气缸的下限限位开关，如图 10-44 所示。

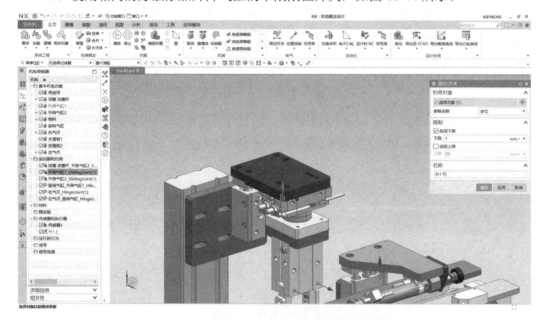

图 10-44　添加升降气缸的下限限位开关

（6）分别添加旋转气缸的原点位和旋转位限位开关，添加方法和上述步骤一致，只需要将参数名称修改为"角度"即可，如图 10-45 所示。

（7）依次添加"气爪"、"升降气缸 2"和"推料气缸"的限位开关，这里只需要添加一侧气爪的限位开关，因为两侧气爪的运行完全同步，如图 10-46 所示。

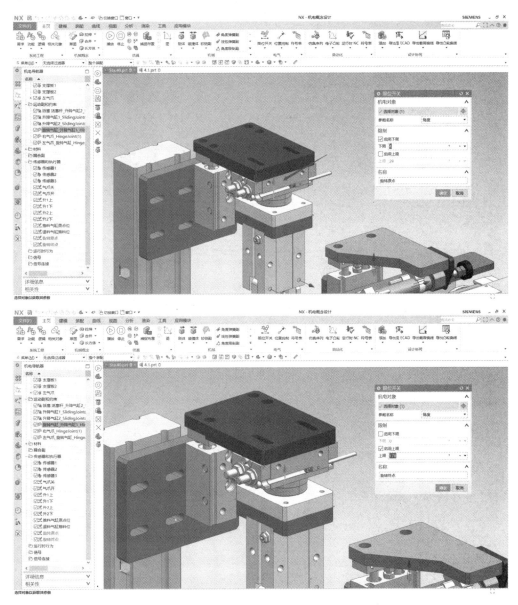

图 10-45　添加旋转气缸的原点位和旋转位限位开关

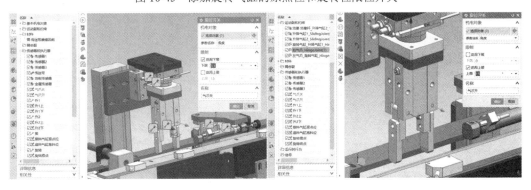

图 10-46　添加其他限位开关

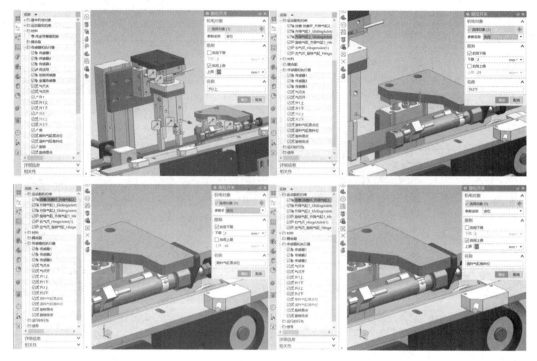

图 10-46　添加其他限位开关（续）

### 10.2.6　定义执行机构

添加执行机构模拟电机、气爪等执行机构的动作效果。

（1）添加执行机构，这里添加"升降气缸1"的位置控制。打开"位置控制"菜单，选择"升降气缸1"的运动副，这里可以自行定义速度，将目标位置设置为0，实际速度由后期PLC程序和NX信号公式决定，这里不设置速度，如图10-47所示。

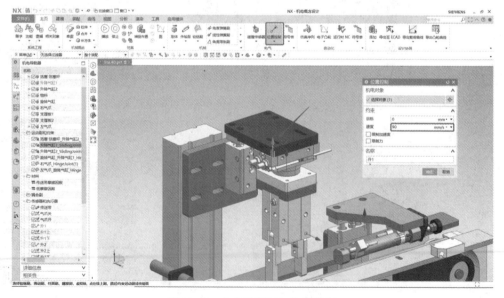

图 10-47　定义升降气缸位置控制

（2）依次添加"升降气缸 2"、"推料气缸"、"旋转气缸"和"气爪"的位置控制，如图 10-48 所示。

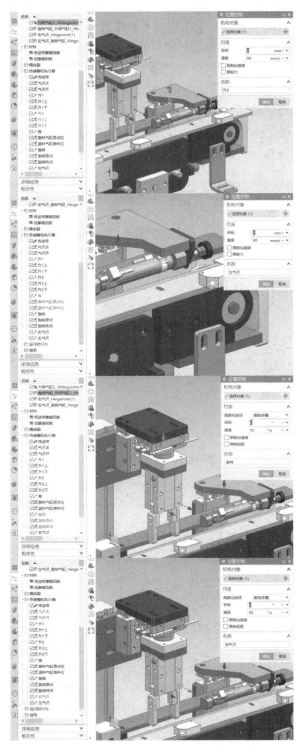

图 10-48　添加其他位置控制

### 10.2.7　建立信号连接

建立信号连接是为了使 NX MCD 中的内部信号能够转换为 PLC 可以接收的信号，并通过公式对信号进行简单处理，使模拟信号能够直接使用。

（1）创建 OutPut 信号关联模型传感器信号，选择"信号适配器"命令，在"选择机电对象"高亮时选择"传感器 1"，单击"![plus]"按钮添加参数，如图 10-49 所示。修改创建的信号名称，勾选创建信号左侧的方框，公式栏中会出现"上料点有料"，如果工作窗口中没有信号和公式栏，那么只需要单击"![up]"符号，如图 10-50 所示。选中公式栏中的"上料点有料"选项，在公式中输入"Parameter_1"，按 Enter 键，将 NX MCD 中的内部信号传递给"上料点有料"的输出信号，如图 10-51 所示。

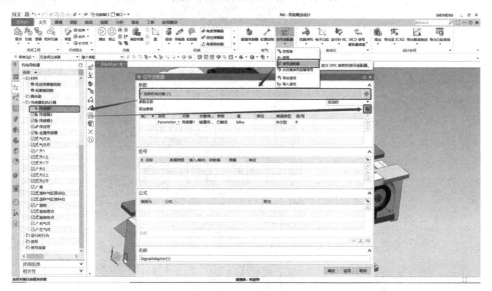

图 10-49　添加输入信号

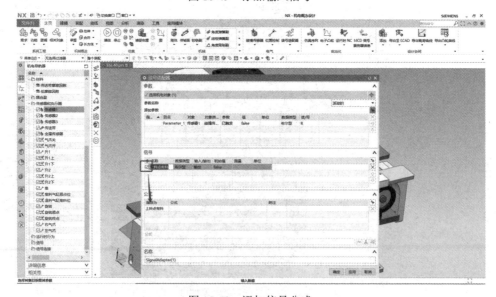

图 10-50　添加信号公式

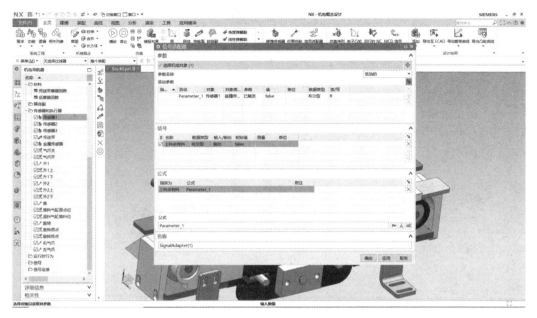

图 10-51　信号匹配公式

（2）依次添加其他的参数、信号和公式，为了方便展示，这里暂时将其他项折叠，图 10-52 所示为公式信号对照表。

（3）创建 InPut 信号，创建控制运动副运动的信号。操作方法与前面的方法基本一致，需要注意的是，添加的执行器左侧会出现一个方框，而传感器信号没有该方框。勾选方框后，公式栏中会出现一个公式名称，如图 10-53 所示。单击"✦"按钮添加信号，将"输出"修改为"输入"，如图 10-54 所示。增加公式，选中公式中的公式指派，输入一个简单的 if 语句"if 搬运点击使能 then 20 else 0"，意思是如果搬运电机使能为真，那么"Parameter_1"的值为 20mm/s，否则赋 0，如图 10-55 所示。

图 10-52　公式信号对照表

图 10-52  公式信号对照表（续）

图 10-53  添加输入信号

（4）依次添加其他的参数、信号和公式。这里需要将其他位置控制的参数改为"定位"，如图 10-56 所示。

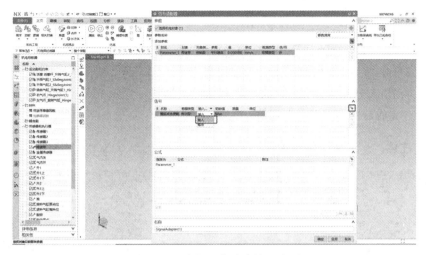

图 10-54　将信号修改为输入类型

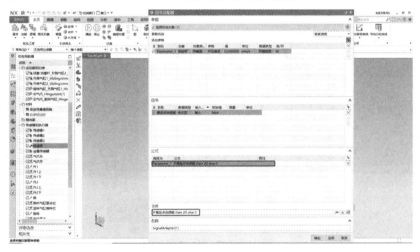

图 10-55　配置信号公式

图 10-56　输入信号对照表

### 10.2.8 外部信号、信号映射

将仿真 PLC 中创建的信号和 NX MCD 中创建的信号关联起来，实现信息的交换。

（1）信号映射，打开 PLCSIM Advanced 软件，这里以两款软件不在同一台设备为例，选择"PLCSIM Virtual Adapter"，选择"以太网"通信，设置 PLC 名称、IP 地址和子网掩码。设置完成后单击"开始"按钮，生成虚拟 PLC，如图 10-57 所示。

**注意：**如果两款软件在同一台设备中，那么选取默认 PLCSIM 通信即可。

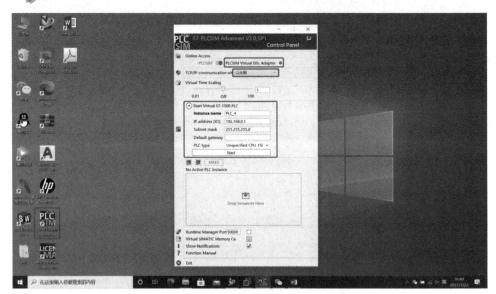

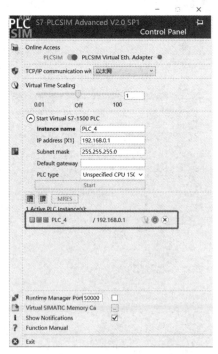

图 10-57　启动 PLCSIM Advanced 仿真

（2）在 TIA 博途软件中简单添加 PLC 变量，对我们设置的 InPut 和 OutPut 进行测试。选择项目，右击选择"属性"命令，在"保护"选项卡中勾选"块编译时支持仿真"复选框，如图 10-58 所示。

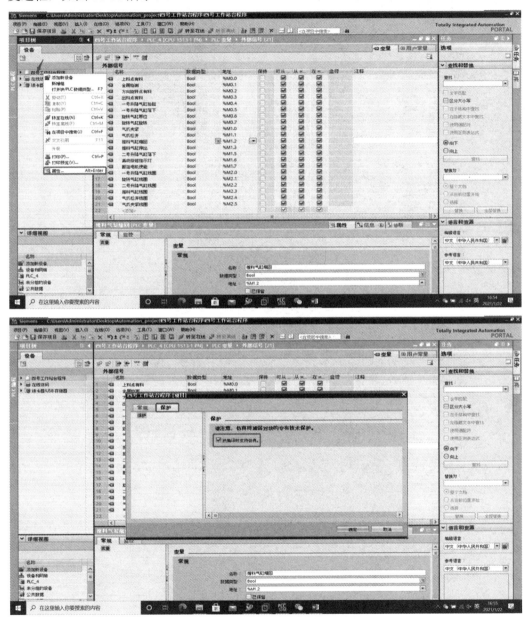

图 10-58　修改 TIA 博途软件的配置

（3）外部信号配置。选择"外部信号配置"命令，单击"🔧"按钮添加 PLC，选择刚刚创建的 PLC，将区域设置为"IOM"，选择"更新标记"选项，在标记中勾选"全选"复选框，如图 10-59 所示。

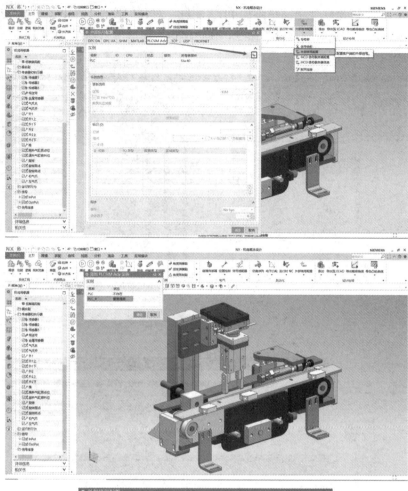

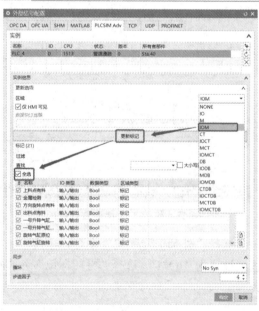

图 10-59　配置外部信号

（4）添加信号映射。如果 NX MCD 信号和外部信号名称一致，那么可以选择"执行自动映射"选项，如图 10-60 所示。如果 NX MCD 信号和外部信号名称不一致，那么需要手动映射，分别选中对应的 NX MCD 信号和外部信号，选择"🔧"选项，进行手动映射，如图 10-61 所示。

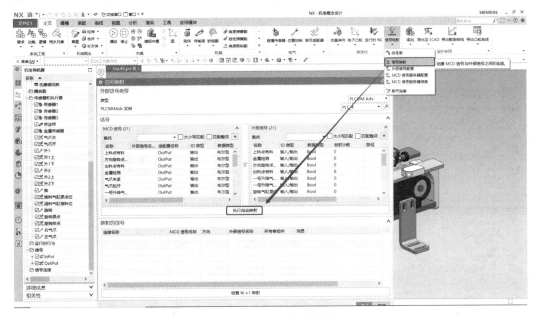

图 10-60　自动信号映射

图 10-61　手动信号映射

### 10.2.9 定义物料流

通过添加对象源、固定副和对象收集器可以模拟物料的运转过程。

（1）添加"对象收集器"，对物料进行收集。对物料进行收集时，取消"地板"零件的隐藏视图，单击"⊙"按钮，选择"地板"零件，完成后确认，如图 10-62 所示。将"地板"零件创建为碰撞传感器，当物料掉下来时，传感器能够检测到物料，作为收集物料的触发信号，如图 10-63 所示。添加"对象收集器"，选择刚刚添加的"地板传感器"零件，如图 10-64 所示。

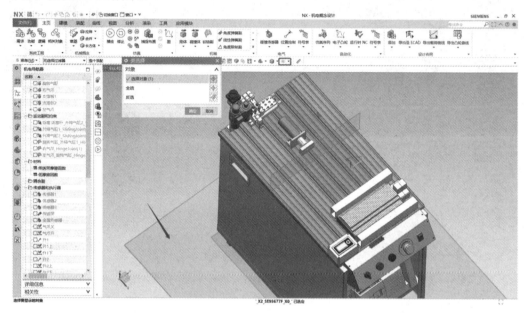

图 10-62　显示隐藏的模型

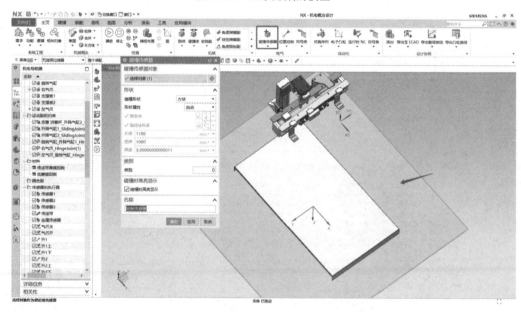

图 10-63　定义碰撞传感器

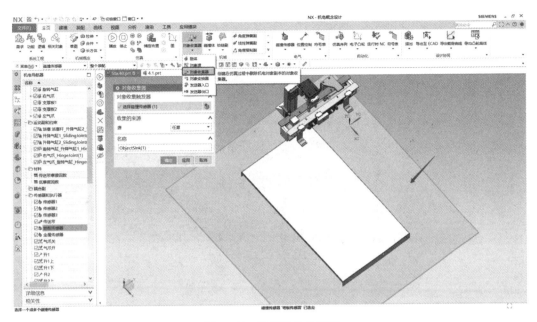

图 10-64　定义对象收集器

（2）添加对象源，当物料被推出收集后，生成新的物料。选择"对象源"命令，选择"物料"作为添加对象，如图 10-65 所示。选择"每次激活时一次"作为复制事件触发条件，即只有满足条件时才能生成一个新物料。

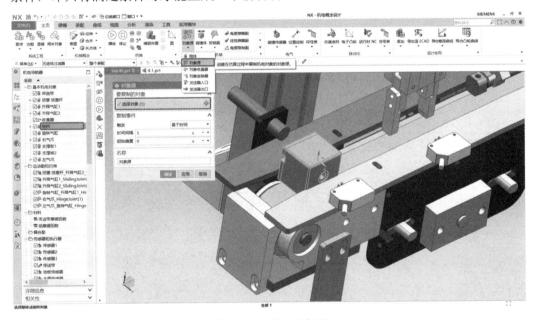

图 10-65　添加对象源

（3）选择序列编辑器"🕐"，右击选择"取消停靠选项卡"命令，使序列编辑器在下方显示，如图 10-66 所示。

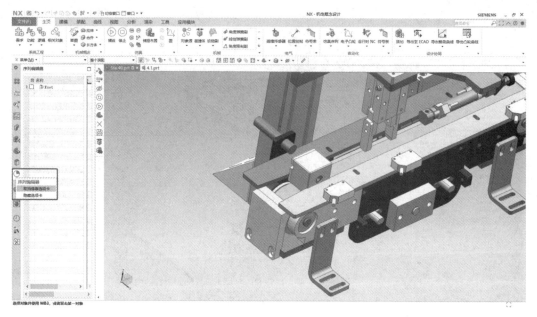

图 10-66　修改序列编辑器停靠选项

（4）单击"序列编辑器"Root 按钮，右击，选择"添加仿真序列"选项，添加生成物料的条件，如图 10-67 所示。机电对象选择"对象源"，在"运行时参数"框中勾选左侧方框，如图 10-68 所示。单击"⊟"按钮添加条件，当"地板传感器"信号为真时，地板传感器收集到物料时生成一个新的物料，如图 10-69 所示。

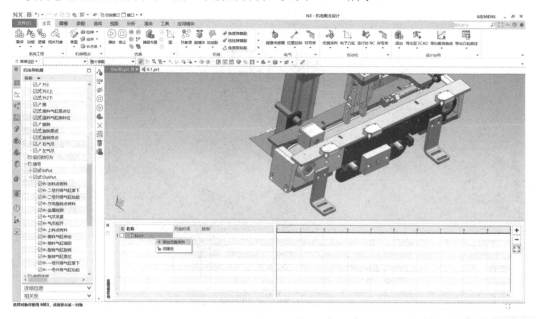

图 10-67　添加仿真序列

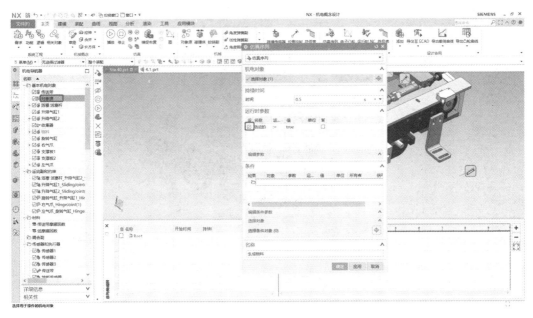

图 10-68　添加运行参数

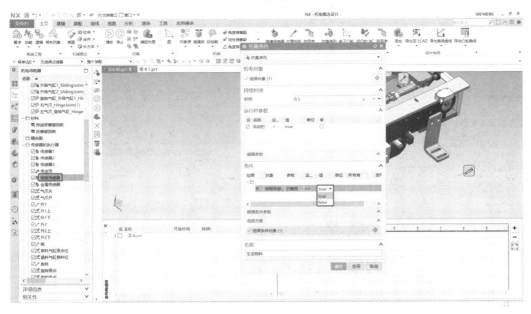

图 10-69　定义生成条件

（5）添加固定副，将物料固定到气爪上，模拟抓取物料，这里只需要添加一个固定副进行固定。基本件选择右侧气爪，不选取"选择连接件"，在"名称"文本框中输入"气爪抓取"，如图 10-70 所示。为固定副创建一个碰撞传感器作为固定的条件，操作方法请参考上述步骤，如图 10-71 所示。

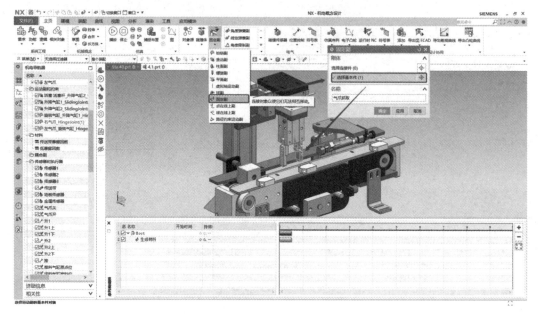

图 10-70　添加固定副

（6）再次添加序列，添加的新序列用来关联"固定副"和"固定"的信号，选择对象"气爪抓取"，勾选"连接件"左侧方框，在编辑参数列表中选取"触发器中的对象"选项，连接件选择刚刚添加的"抓取传感器"，如图 10-72 所示。单击"🗁"按钮，添加固定的条件，选择"抓取传感器"选项，修改条件值为"true"。再次单击"🗁"按钮，添加第二个条件，选择 OutPut 中的"气爪夹紧信号"，如图 10-73 所示。

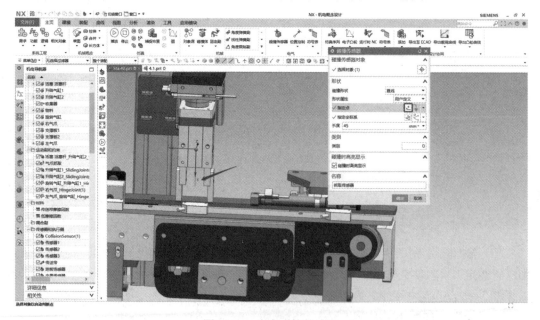

图 10-71　定义碰撞传感器

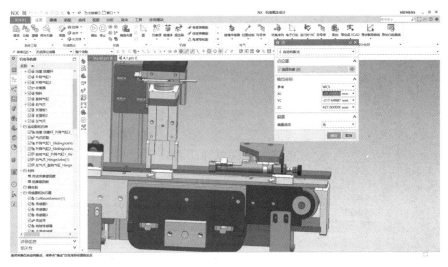

图 10-71　定义碰撞传感器（续）

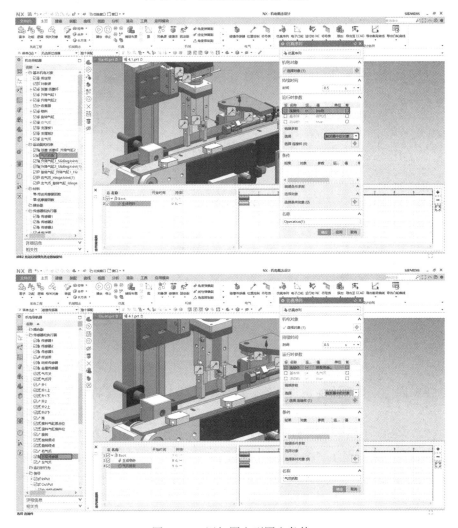

图 10-72　添加固定副固定条件

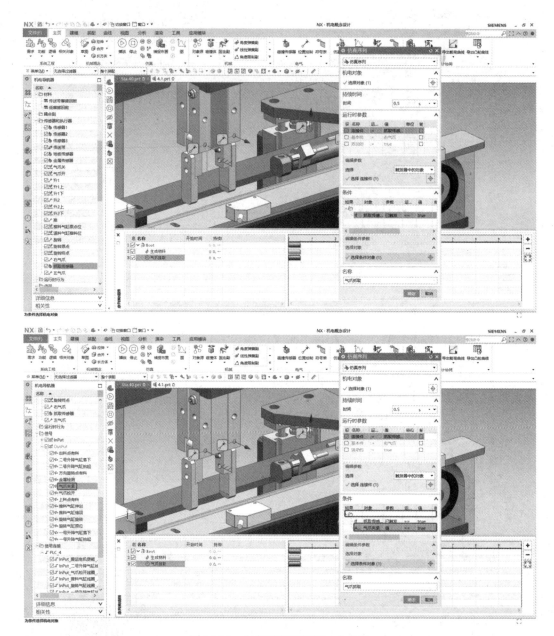

图 10-73  定义固定副的第二个条件

（7）接触固定，再次添加仿真序列，这里不选择"连接件"。将条件为 OutPut 中的"气爪夹紧"信号值设置为"false"。添加方法参考上述实验步骤，如图 10-74 所示。

（8）调整序列"气爪抓取"和"放置物料"的先后顺序，如图 10-75 所示。选中"气爪抓取"绿色进度条拖曳至"放置物料"绿色进度条处，会生成"连接器"箭头，表示只有当物料抓取完成后才能放置物料，如图 10-76 所示。

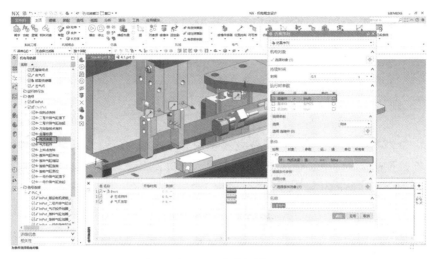

图 10-74　接触固定

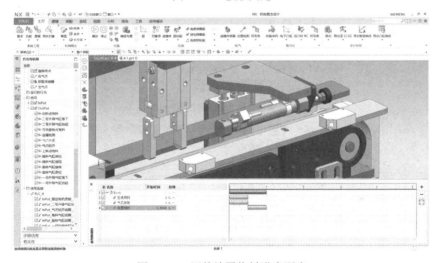

图 10-75　调整放置物料进度顺序

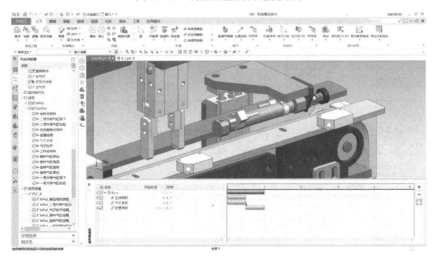

图 10-76　添加连接器

（9）连接器添加完成后，就可以启动虚拟 PLC 进行仿真了。可以在 TIA 博途软件中修改虚拟 PLC 的程序，对工作站进行仿真调试。

# 项目测评

请以小组为单位完成自动化生产线数字化仿真与虚拟调试，完成后将小组成员按照贡献大小进行排序，由指导老师结合表 10-4 所示的项目测评表和小组成员贡献大小对小组成员进行评分。

表 10-4　项目测评表

| 测评项目 | | 详细要求 | 配分 | 得分 | 评判性质 |
|---|---|---|---|---|---|
| 职业素质 | 安全操作 | 出现带电插拔编程线、信号线、电源线、通信线等行为，每次扣 2 分 | 2 | | 主观 |
| | 设备、工具仪器操作规范 | 出现过度用力或用不合适的工具敲打、撞击设备等行为，每处扣 1 分 | 2 | | 主观 |
| | 6S 管理 | （1）在工作过程中，将剥落的导线皮、线头、纸屑等放置于设备台面上，每处扣 0.5 分。（2）任务完成后，将工具、不用的导线及其他耗材物品放置于工作台，地面不整洁，桌凳等未按规定位置放好，每处扣 0.5 分。以上内容扣完为止 | 2 | | |
| | 穿戴规范 | 穿着工作服、绝缘工作鞋及必需的人身防护用品，不符合规定的每处扣 0.5 分，扣完为止。 | 2 | | |
| | 工作纪律、文明礼貌 | 团队有分工有合作，遵守工作纪律，尊重教师和工作人员，文明礼貌等。违反规定的每处扣 0.5 分，扣完为止 | 2 | | 主观 |
| | 知识产权 | 出现抄袭情况，全部成绩同时记 0 分 | | | |
| 数字化仿真及虚拟调试 | 数字化仿真 | 根据动作未完成情况进行扣分 | 40 | | |
| | 虚拟调试 | 根据任务未完成情况进行扣分 | 40 | | |
| | 程序优化 | 程序逻辑结构应合理、清晰，便于理解和阅读，视情况扣分 | 10 | | 主观 |

# 思考练习及知识拓展

在数字化仿真及虚拟调试过程中，遇到的问题有哪些？可能的原因有哪些？如何解决？

思考使用 NX MCD 进行虚拟调试时三维模型对仿真的影响。

## 思政元素及职业素养元素

近年来，我国着力推进制造强国建设。2021年，中华人民共和国工业和信息化部等四部门对外发布《智能制造试点示范行动实施方案》，提出到2025年，建设一批技术水平高、示范作用显著的智能制造示范工厂，培育若干智能制造先行区，凝练总结一批具有较高技术水平和推广应用价值的智能制造优秀场景，带动突破一批关键技术、装备、软件、标准和解决方案，推动智能制造标准的试点应用，探索形成具有行业区域特色的智能转型升级路径，开展大范围推广应用。

# 参考文献

[1] 何用辉，等. 自动化生产线安装与调试[M]. 3 版. 北京：机械工业出版社，2022.

[2] 李志梅，张同苏. 自动化生产线安装与调试（西门子 S7-200 SMART 系列）[M]. 北京：机械工业出版社，2019.

[3] 中华人民共和国国务院. 特种设备安全监察条例[Z]. 2022.

[4] 刘华波，马艳，何文雪，等. 西门子 S7-1200 PLC 编程与应用[M]. 2 版. 北京：机械工业出版社，2020.

[5] 侍寿永. 西门子 S7-1200 PLC 编程及应用教程[M]. 2 版. 北京：机械工业出版社，2021.

[6] 廖常初. S7-1200 PLC 应用教程[M]. 2 版. 北京：机械工业出版社，2020.

[7] 杨菊，徐建亮. 机电设备装配安装与维修[M]. 北京：机械工业出版社，2015.

# 自动化生产线安装与调试
# （岗课赛证一体化教程）
# 实训工单

主　编　黄贵川　熊建国

副主编　邓文亮　许　欣

電子工業出版社

Publishing House of Electronics Industry

北京·BEIJING

# 目　　录

# 项目 1　自动化生产线系统认知

| 实训题目 | 自动化生产线系统认知 | | | | |
|---|---|---|---|---|---|
| 学号 | | 姓名 | | 班级 | |
| 实训地点 | | 日期 | | 学时 | |
| 实训目标 | （1）了解自动化生产线的作用和产生背景。<br>（2）理解自动化生产线的运行特性和技术特点。<br>（3）了解自动化生产线的典型实际应用。<br>（4）认知 DPRO-IFAE-ADV 型自动化生产线的各组成单元及相应功能。<br>（5）善于利用网络检索专业信息。<br>（6）培养自主学习的能力 | | | | |

## 一、任务背景及安排

小刚毕业后进入了某汽车生产企业实习，主要职责是负责汽车自动化生产线系统的安装、调试与维护。项目主管问小刚熟悉自动化生产线吗？自动化生产线的作用、背景、特点和典型应用有哪些

## 二、任务准备

1．签到打卡。

每天上课或者上班都要记得签到打卡，养成按时上班的习惯。

2．设备、工具准备及清点。

自动化生产线，能够上网检索信息资源的计算机一台

## 三、实施过程

1．描述自动化生产线的作用、背景、特点和典型应用。

2．描述 DPRO-IFAE-ADV 型自动化生产线的各组成单元及相应功能。

续表

| 实训题目 | 自动化生产线系统认知 | | | |
|---|---|---|---|---|
| 学号 | | 姓名 | | 班级 | |
| 实训地点 | | 日期 | | 学时 | |

3．画出 DPRO-IFAE-ADV 型自动化生产线的工艺流程（允许计算机绘图打印后张贴）。

四、技能笔记

五、收获与反思

六、项目评价

| 小组组号 | | 小组成员 | | |
|---|---|---|---|---|
| 自评分 | | 小组内评分 | | 教师评分 | |
| 总分 | | | | |

# 项目 2　共性技术准备

| 实训题目 | | 共性技术准备 | | | |
|---|---|---|---|---|---|
| 学号 | | 姓名 | | 班级 | |
| 实训地点 | | 日期 | | 学时 | |
| 实训目标 | （1）熟悉常见的机械传动机构及其应用。<br>（2）掌握西门子 S7-1200 PLC 的编程方法。<br>（3）能读懂气动原理图、识别常见的气动元器件并掌握其基本功能。<br>（4）熟悉常见的传感器及其应用 | | | | |

## 一、任务背景及安排

小刚毕业后进入了某汽车生产企业实习，主要职责是负责汽车自动化生产线系统的安装、调试与维护。自动化生产线涉及了机械传动、PLC、气动、传感器等共性技术，小刚对这些技术熟悉吗

## 二、任务准备

1．签到打卡。

每天上课或者上班都要记得签到打卡，养成按时上班的习惯。

2．设备、工具准备及清点。

自动化生产线，能够上网检索信息资源的计算机一台

## 三、实施过程

1．常见的机械传动有哪些？各有什么优缺点？

2．请使用 S7-1200 PLC 实现车床主轴及润滑电机的控制，提交 PLC 的 I/O 地址分配表、PLC 控制原理图、原始程序和演示结果。

3．请列出常见的气动元器件并说明其工作原理。

| 实训题目 | 共性技术准备 | | | | |
|---|---|---|---|---|---|
| 学号 | | 姓名 | | 班级 | |
| 实训地点 | | 日期 | | 学时 | |

4. 传感器的作用是什么？按照反馈信号的不同，传感器如何分类？

<br><br><br><br><br><br><br><br><br><br>

四、技能笔记

<br><br><br><br><br><br><br><br><br>

五、收获与反思

<br><br><br><br><br><br><br><br><br><br>

六、项目评价

| 小组组号 | | 小组成员 | | | |
|---|---|---|---|---|---|
| 自评分 | | 小组内评分 | | 教师评分 | |
| 总分 | | | | | |

# 项目 3　主件供料单元的安装与调试

| 实训题目 | 主件供料单元的安装与调试 | | | | |
|---|---|---|---|---|---|
| 学号 | | 姓名 | | 班级 | |
| 实训地点 | | 日期 | | 学时 | |
| 实训目标 | （1）熟悉主件供料单元的基本功能。<br>（2）熟悉机械零部件及电气元器件，并能完成机械零部件及电气元器件的安装与调试。<br>（3）能根据气动原理图完成气路连接。<br>（4）能根据电气原理图完成电气系统的硬件连接和调试。<br>（5）能结合主件供料单元的控制要求完成 PLC 编程和调试。<br>（6）能对主件供料单元的常见故障及时进行排除。<br>（7）培养勤思考、多动手的习惯。<br>（8）培养认真负责的工作态度、一丝不苟的工作作风和敬业、精益、专注的工匠精神 | | | | |

## 一、任务背景及安排

小刚毕业后进入了某汽车生产企业实习，主要职责是负责汽车自动化生产线系统的安装、调试与维护。项目主管要求小刚在 3 天内完成主件供料单元的安装与调试

## 二、任务准备

1. 签到打卡。

每天上课或者上班都要记得签到打卡，养成按时上班的习惯。

2. 设备、工具准备及清点。

主件供料单元，能够上网检索信息资源的计算机一台。

工具清单（压线钳、剪刀、内卡簧钳、外卡簧钳、夹钳、榔头、螺丝刀、夹线钳、直尺、水平尺、游标卡尺、活动扳手、万用表、内六角扳手、电烙铁和焊锡丝、工具收纳箱等）。

注意：任务完成后，工具一定要放回原位，场地要清扫干净

## 三、实施过程

1. 熟悉主件供料单元的气动原理图、PLC 的 I/O 分配、电气原理图和关键元器件。




2. 主件供料单元的机械零部件及电气元器件的安装与调试。




3. 气路连接及手动调试。

续表

| 实训题目 | | 主件供料单元的安装与调试 | | | |
|---|---|---|---|---|---|
| 学号 | | 姓名 | | 班级 | |
| 实训地点 | | 日期 | | 学时 | |

4. 电气接线。

5. 编程与调试。

四、技能笔记

五、收获与反思

六、项目评价

| 小组组号 | | 小组成员 | | | |
|---|---|---|---|---|---|
| 自评分 | | 小组内评分 | | 教师评分 | |
| 总分 | | | | | |

# 项目 4　次品分拣单元的安装与调试

| 实训题目 | 次品分拣单元的安装与调试 | | | | |
|---|---|---|---|---|---|
| 学号 | | 姓名 | | 班级 | |
| 实训地点 | | 日期 | | 学时 | |
| 实训目标 | （1）熟悉次品分拣单元的基本功能。<br>（2）熟悉机械零部件及电气元器件，并能完成机械零部件及电气元器件的安装与调试。<br>（3）能根据气动原理图完成气路连接。<br>（4）能根据电气原理图完成电气系统的硬件连接和调试。<br>（5）能结合次品分拣单元的控制要求完成 PLC 编程和调试。<br>（6）能对次品分拣单元的常见故障及时进行排除。<br>（7）培养勤思考、多动手的习惯。<br>（8）培养认真负责的工作态度、一丝不苟的工作作风和敬业、精益、专注的工匠精神 | | | | |

## 一、任务背景及安排

小刚毕业后进入了某汽车生产企业实习，主要职责是负责汽车自动化生产线系统的安装、调试与维护。项目主管要求小刚在 3 天内完成次品分拣单元的安装与调试

## 二、任务准备

1．签到打卡。

每天上课或者上班都要记得签到打卡，养成按时上班的习惯。

2．设备、工具准备及清点。

次品分拣单元，能够上网检索信息资源的计算机一台。

工具清单（压线钳、剪刀、内卡簧钳、外卡簧钳、夹钳、榔头、螺丝刀、夹线钳、直尺、水平尺、游标卡尺、活动扳手、万用表、内六角扳手、电烙铁和焊锡丝、工具收纳箱等）。

注意：任务完成后，工具一定要放回原位，场地要清扫干净

## 三、实施过程

1．熟悉次品分拣单元的气动原理图、PLC 的 I/O 分配、电气原理图和关键元器件。

2．次品分拣单元的机械零部件及电气元器件的安装与调试。

3．气路连接及手动调试。

续表

| 实训题目 | 次品分拣单元的安装与调试 | | | | |
|---|---|---|---|---|---|
| 学号 | | 姓名 | | 班级 | |
| 实训地点 | | 日期 | | 学时 | |

4. 电气接线。

5. 编程与调试。

四、技能笔记

五、收获与反思

六、项目评价

| 小组组号 | | 小组成员 | | | |
|---|---|---|---|---|---|
| 自评分 | | 小组内评分 | | 教师评分 | |
| 总分 | | | | | |

# 项目 5　旋转工作单元的安装与调试

| 实训题目 | | 旋转工作单元的安装与调试 | | | |
|---|---|---|---|---|---|
| 学号 | | 姓名 | | 班级 | |
| 实训地点 | | 日期 | | 学时 | |
| 实训目标 | （1）熟悉旋转工作单元的基本功能。<br>（2）熟悉机械零部件及电气元器件，并能完成机械零部件及电气元器件的安装与调试。<br>（3）能根据气动原理图完成气路连接。<br>（4）能根据电气原理图完成电气系统的硬件连接和调试。<br>（5）能结合旋转工作单元的控制要求完成 PLC 编程和调试。<br>（6）能对旋转工作单元的常见故障及时进行排除。<br>（7）培养勤思考、多动手的习惯。<br>（8）培养认真负责的工作态度、一丝不苟的工作作风和敬业、精益、专注的工匠精神 | | | | |

一、任务背景及安排

　　小刚毕业后进入了某汽车生产企业实习，主要职责是负责汽车自动化生产线系统的安装、调试与维护。项目主管要求小刚在 3 天内完成旋转工作单元的安装与调试

二、任务准备

　　1．签到打卡。

　　每天上课或者上班都要记得签到打卡，养成按时上班的习惯。

　　2．设备、工具准备及清点。

　　旋转工作单元，能够上网检索信息资源的计算机一台。

　　工具清单（压线钳、剪刀、内卡簧钳、外卡簧钳、夹钳、榔头、螺丝刀、夹线钳、直尺、水平尺、游标卡尺、活动扳手、万用表、内六角扳手、电烙铁和焊锡丝、工具收纳箱等）。

　　注意：任务完成后，工具一定要放回原位，场地要清扫干净

三、实施过程

　　1．熟悉旋转工作单元的气动原理图、PLC 的 I/O 分配、电气原理图和关键元器件。

　　2．旋转工作单元的机械零部件及电气元器件的安装与调试。

　　3．气路连接及手动调试。

续表

| 实训题目 | 旋转工作单元的安装与调试 | | | | |
|---|---|---|---|---|---|
| 学号 | | 姓名 | | 班级 | |
| 实训地点 | | 日期 | | 学时 | |

4. 电气接线。

5. 编程与调试。

### 四、技能笔记

### 五、收获与反思

### 六、项目评价

| 小组组号 | | 小组成员 | | | |
|---|---|---|---|---|---|
| 自评分 | | 小组内评分 | | 教师评分 | |
| 总分 | | | | | |

# 项目 6　方向调整单元的安装与调试

| 实训题目 | | 方向调整单元的安装与调试 | | | |
|---|---|---|---|---|---|
| 学号 | | 姓名 | | 班级 | |
| 实训地点 | | 日期 | | 学时 | |
| 实训目标 | （1）熟悉方向调整单元的基本功能。<br>（2）熟悉机械零部件及电气元器件，并能完成机械零部件及电气元器件的安装与调试。<br>（3）能根据气动原理图完成气路连接。<br>（4）能根据电气原理图完成电气系统的硬件连接和调试。<br>（5）能结合方向调整单元的控制要求完成 PLC 编程和调试。<br>（6）能对方向调整单元的常见故障及时进行排除。<br>（7）培养勤思考、多动手的习惯。<br>（8）培养认真负责的工作态度、一丝不苟的工作作风和敬业、精益、专注的工匠精神 | | | | |

## 一、任务背景及安排

小刚毕业后进入了某汽车生产企业实习，主要职责是负责汽车自动化生产线系统的安装、调试与维护。项目主管要求小刚在 3 天内完成方向调整单元的安装与调试

## 二、任务准备

1. 签到打卡。

每天上课或者上班都要记得签到打卡，养成按时上班的习惯。

2. 设备、工具准备及清点。

方向调整单元，能够上网检索信息资源的计算机一台。

工具清单（压线钳、剪刀、内卡簧钳、外卡簧钳、夹钳、榔头、螺丝刀、夹线钳、直尺、水平尺、游标卡尺、活动扳手、万用表、内六角扳手、电烙铁和焊锡丝、工具收纳箱等）。

注意：任务完成后，工具一定要放回原位，场地要清扫干净

## 三、实施过程

1. 熟悉方向调整单元的气动原理图、PLC 的 I/O 分配、电气原理图和关键元器件。

2. 方向调整单元的机械零部件及电气元器件的安装与调试。

3. 气路连接及手动调试。

续表

| 实训题目 | 方向调整单元的安装与调试 | | | | |
|---|---|---|---|---|---|
| 学号 | | 姓名 | | 班级 | |
| 实训地点 | | 日期 | | 学时 | |

4. 电气接线。



5. 编程与调试。

<br><br><br><br><br><br>

四、技能笔记

<br><br><br><br><br><br><br><br><br><br>

五、收获与反思

<br><br><br><br><br><br><br><br><br>

六、项目评价

| 小组组号 | | 小组成员 | | | |
|---|---|---|---|---|---|
| 自评分 | | 小组内评分 | | 教师评分 | |
| 总分 | | | | | |

# 项目 7　产品组装单元的安装与调试

| 实训题目 | | 产品组装单元的安装与调试 | | | |
|---|---|---|---|---|---|
| 学号 | | 姓名 | | 班级 | |
| 实训地点 | | 日期 | | 学时 | |
| 实训目标 | （1）熟悉产品组装单元的基本功能。<br>（2）熟悉机械零部件及电气元器件，并能完成机械零部件及电气元器件的安装与调试。<br>（3）能根据气动原理图完成气路连接。<br>（4）能根据电气原理图完成电气系统的硬件连接和调试。<br>（5）能结合产品组装单元的控制要求完成 PLC 编程和调试。<br>（6）能对产品组装单元的常见故障及时进行排除。<br>（7）培养勤思考、多动手的习惯。<br>（8）培养认真负责的工作态度、一丝不苟的工作作风和敬业、精益、专注的工匠精神 | | | | |
| 一、任务背景及安排 | | | | | |
| 小刚毕业后进入了某汽车生产企业实习，主要职责是负责汽车自动化生产线系统的安装、调试与维护。项目主管要求小刚在 3 天内完成产品组装单元的安装与调试 | | | | | |
| 二、任务准备 | | | | | |
| 1．签到打卡。<br>每天上课或者上班都要记得签到打卡，养成按时上班的习惯。<br>2．设备、工具准备及清点。<br>产品组装单元，能够上网检索信息资源的计算机一台。<br>工具清单（压线钳、剪刀、内卡簧钳、外卡簧钳、夹钳、榔头、螺丝刀、夹线钳、直尺、水平尺、游标卡尺、活动扳手、万用表、内六角扳手、电烙铁和焊锡丝、工具收纳箱等）。<br>注意：任务完成后，工具一定要放回原位，场地要清扫干净 | | | | | |
| 三、实施过程 | | | | | |
| 1．熟悉产品组装单元的气动原理图、PLC 的 I/O 分配、电气原理图和关键元器件。<br><br><br><br><br><br>2．产品组装单元的机械零部件及电气元器件的安装与调试。 | | | | | |

| 实训题目 | 产品组装单元的安装与调试 | | | |
|---|---|---|---|---|
| 学号 | | 姓名 | | 班级 | |
| 实训地点 | | 日期 | | 学时 | |

3．气路连接及手动调试。




4．电气接线。




5．编程与调试。




| 四、技能笔记 |
|---|
| |

| 五、收获与反思 |
|---|
| |

| 六、项目评价 | | | | |
|---|---|---|---|---|
| 小组组号 | | 小组成员 | | |
| 自评分 | | 小组内评分 | | 教师评分 | |
| 总分 | | | | |

# 项目 8　产品分拣单元的安装与调试

| 实训题目 | | 产品分拣单元的安装与调试 | | | |
|---|---|---|---|---|---|
| 学号 | | 姓名 | | 班级 | |
| 实训地点 | | 日期 | | 学时 | |
| 实训目标 | （1）熟悉产品分拣单元的基本功能。<br>（2）熟悉机械零部件及电气元器件，并能完成机械零部件及电气元器件的安装与调试。<br>（3）能根据气动原理图完成气路连接。<br>（4）能根据电气原理图完成电气系统的硬件连接和调试。<br>（5）能结合产品分拣单元的控制要求完成 PLC 编程和调试。<br>（6）能对产品分拣单元的常见故障及时进行排除。<br>（7）培养勤思考、多动手的习惯。<br>（8）培养认真负责的工作态度、一丝不苟的工作作风和敬业、精益、专注的工匠精神 | | | | |

## 一、任务背景及安排

小刚毕业后进入了某汽车生产企业实习，主要职责是负责汽车自动化生产线系统的安装、调试与维护。项目主管要求小刚在 3 天内完成产品分拣单元的安装与调试

## 二、任务准备

1. 签到打卡。

每天上课或者上班都要记得签到打卡，养成按时上班的习惯。

2. 设备、工具准备及清点。

产品分拣单元，能够上网检索信息资源的计算机一台。

工具清单（压线钳、剪刀、内卡簧钳、外卡簧钳、夹钳、榔头、螺丝刀、夹线钳、直尺、水平尺、游标卡尺、活动扳手、万用表、内六角扳手、电烙铁和焊锡丝、工具收纳箱等）。

注意：任务完成后，工具一定要放回原位，场地要清扫干净

## 三、实施过程

1. 熟悉产品分拣单元的气动原理图、PLC 的 I/O 分配、电气原理图和关键元器件。

2. 产品分拣单元的机械零部件及电气元器件的安装与调试。

3. 气路连接及手动调试。

续表

| 实训题目 | 产品分拣单元的安装与调试 | | | |
|---|---|---|---|---|
| 学号 | | 姓名 | | 班级 | |
| 实训地点 | | 日期 | | 学时 | |

4．电气接线。

5．编程与调试。

| 四、技能笔记 |
|---|
| |

| 五、收获与反思 |
|---|
| |

| 六、项目评价 | | | | |
|---|---|---|---|---|
| 小组组号 | | 小组成员 | | |
| 自评分 | | 小组内评分 | | 教师评分 | |
| 总分 | | | | |

# 项目 9  自动化生产线总体安装与调试

| 实训题目 | | 自动化生产线总体安装与调试 | | | |
|---|---|---|---|---|---|
| 学号 | | 姓名 | | 班级 | |
| 实训地点 | | 日期 | | 学时 | |
| 实训目标 | （1）掌握西门子 S7-1200 PLC 以太网组网的相关知识和基本技能。<br>（2）掌握西门子 HMI 组态技术。<br>（3）掌握自动化生产线总体安装与调试的基本方法和步骤。<br>（4）能完成自动化生产线系统组装。<br>（5）能完成自动化生产线系统多个单元联调。<br>（6）能对自动化生产线系统的常见故障及时进行排除。<br>（7）培养勤思考、多动手的习惯。<br>（8）培养认真负责的工作态度、一丝不苟的工作作风和敬业、精益、专注的工匠精神 | | | | |

## 一、任务背景及安排

小刚毕业后进入了某汽车生产企业实习，主要职责是负责汽车自动化生产线系统的安装、调试与维护。前期已经完成了各个单元的安装与调试，项目主管要求小刚接下来在 3 天内完成自动化生产线总体安装与调试

## 二、任务准备

1. 签到打卡。

每天上课或者上班都要记得签到打卡，养成按时上班的习惯。

2. 设备、工具准备及清点。

自动化生产线系统，能够上网检索信息资源的计算机一台。

工具清单（压线钳、剪刀、内卡簧钳、外卡簧钳、夹钳、榔头、螺丝刀、夹线钳、直尺、水平尺、游标卡尺、活动扳手、万用表、内六角扳手、电烙铁和焊锡丝、工具收纳箱等）。

注意：任务完成后，工具一定要放回原位，场地要清扫干净

## 三、实施过程

1. 熟悉 S7-1200 PLC 以太网通信技术和 HMI 的使用。

2. 自动化生产线总体安装。

| 实训题目 | 自动化生产线总体安装与调试 | | | | |
|---|---|---|---|---|---|
| 学号 | | 姓名 | | 班级 | |
| 实训地点 | | 日期 | | 学时 | |

3. 绘制自动化生产线运行流程图。

4. 自动化生产线编程与调试。

四、技能笔记

五、收获与反思

六、项目评价

| 小组组号 | | 小组成员 | | | |
|---|---|---|---|---|---|
| 自评分 | | 小组内评分 | | 教师评分 | |
| 总分 | | | | | |